现代医院规划建设与
建筑节能探索

张志毅　庄广益　肖凡　著

辽宁大学出版社 | 沈阳
Liaoning University Press

图书在版编目（CIP）数据

现代医院规划建设与建筑节能探索/张志毅，庄广益，肖凡著. --沈阳：辽宁大学出版社，2024. 12.

ISBN 978-7-5698-1887-1

Ⅰ. TU246.1

中国国家版本馆 CIP 数据核字第 20245H77U9 号

现代医院规划建设与建筑节能探索

XIANDAI YIYUAN GUIHUA JIANSHE YU JIANZHU JIENENG TANSUO

出 版 者：辽宁大学出版社有限责任公司

（地址：沈阳市皇姑区崇山中路 66 号　邮政编码：110036）

印 刷 者：沈阳市第二市政建设工程公司印刷厂

发 行 者：辽宁大学出版社有限责任公司

幅面尺寸：170mm×240mm

印　　张：12.25

字　　数：233 千字

出版时间：2024 年 12 月第 1 版

印刷时间：2024 年 12 月第 1 次印刷

责任编辑：郭　玲

封面设计：高梦琦

责任校对：夏明明

书　　号：ISBN 978-7-5698-1887-1

定　　价：88.00 元

联系电话：024-86864613

邮购热线：024-86830665

网　　址：http://press.lnu.edu.cn

前　言

　　我国社会经济的快速发展，为医疗服务水平的提升提供了坚实的基础。同时，民众对医院诊疗环境、设备设施、技术服务等的需求也不断提升，这对现代医疗机构提出了前所未有的要求与挑战。医院作为提供医疗卫生服务的公共基础单位，为患者提供医疗服务的前提是保障医院在各种情况下能够稳定地运行。医院是人流量极大的公共场所，其环境尤为特殊与复杂，对病患就医、舒适体验等有重要影响。物理环境安全是现代医院的基本要素，物理环境安全的规划、建设与运营几乎渗透到医院内所有系统，因而引起医疗行业从业人员越来越多的重视。

　　医院建筑通常被称为最复杂的特殊民用建筑，它的复杂性和特殊性来源于其所承载的医院功能的复杂性和特殊性。人们最看重的就是生命和健康，这也是人类最为渴望探索的领域，并且人类最新的、最先进的科学技术，往往都优先应用于医学领域。例如，人工智能、物理技术、化学技术、生物技术、通信技术、电子技术等，推动了医疗技术和医疗装备的迅猛发展。而医院作为维护生命和健康的重要场所，是医学及相关各种最先进的科学技术和装备应用、研究最为聚集的场所，推动着现代医学朝医、教、研多功能融合的方向快速发展。因此，医院建筑具有专业性、多样性、复杂性，以及功能不断快速发展变化的特殊性。我们从更宏观的视角去审视医院建筑，会发现它也仅仅是需要满足医院所承载功能需求的普通建筑而已。医院建筑反复局部拆改甚至需要扩建的主要原因，就是其不能满足所承载功能的需求。因此，医院建设最重要也是最困难之处在于如何让医院建筑能够最大限度地契合其所承载功能的专业性、多样性、复杂性的需求，尤其是其所承载功能快速发展变化的特殊需求。

本书从多个维度全面探讨了现代医院在规划建设和建筑节能方面的内容。首先，从医院的功能结构与建筑形态着手，深入解析了医院的组成要素与功能关系，以及建筑形态的类别与形象塑造。其次，对现代医院的整体规划进行了详尽的阐述，包括规划原则、总体规模与建设阶段的衔接，以及建筑单体的划区组合和交通流线的组织。再次，书中还细致地讨论了门急诊部、医技系统、住院部和医学影像科的区域规划，指出了这些区域在医院规划中的重要性。另外，本书聚焦于医院的节能技术，包括被动式节能、给水、空调、电气系统以及分布式供能技术，展示了节能技术在医院建筑中的应用。最后，书中探讨了医院建筑运行与维护中的能效提升技术，特别是基于 BAS 的人工智能中央空调系统，以及医院建筑的调适，为提升医院建筑能效提供了实用的技术参考。

作　者
2024 年 10 月

目　录

第一章　医院的功能结构和建筑形态

第一节　医院的组成要素和功能关系

随着医疗技术的发展和医学模式的不断完善，现代医院的功能结构和组成要素也处于动态发展的过程之中，医院专业分科越来越细，组成内容也更加丰富多彩。其中医疗部分是医院的主体，后勤部分起支持保证作用，行政办公则是医疗的组织管理部门。生活服务设施以及某些院办产业，均应从医院功能结构中分离出去，但其位置应适当靠近医院用地，以方便联系。

一、现代生物医学、整体医学模式——人性化的整体医学环境

随着实验医学的进一步发展和生物检测技术的完善与提高，人们更深刻地认识到疾病与人体生物学变量和细胞结构变化的关系，从而使生物医学模式被普遍接受。心理、社会因素与人类的健康和疾病有着极大的关联性，并受到广泛关注。世界卫生组织对于"健康"概念，也特别强调了生理、心理和社会学上的完满状态，承认了心理、社会因素与人体健康的关联性。因此，生物、心理、社会的整体医学模式，是现代医学发展的必然结果。

由于大城市的恶性膨胀和由此而产生的社会、心理反应，以及社会生产和生活方式的改变，人们对医疗提出了更高的要求。医学开始从近代的实验医学模式向生物、心理、社会医学模式演变，并相继产生了一系列新兴边缘学科和先进的医疗技术手段，使欧美发达国家在 20 世纪 70 年代相继进入现代医院发展时期。其特点是专业分科细，多学科综合性强，医疗技术装备更加先进，其更新周期越来越短。现代医院强调综合治疗，不仅从生物学角度，而且从心理学、社会学以及建筑、环境、设备等方面为病人创造良好的整体医学环境。从现代医院的组成上看，大都是医疗、教学、科研三位一体的医疗中心，而且组成内容日益复杂，专业化、中心化倾向更为明显。除一般科室外，往往还包括急救、监护、核医学、心理咨询、图像诊断、计算机站、生物医学工程等新兴

部门，而医院的后勤服务及部分医技设施，有时由几家医院联合设置，逐渐向社会化方向发展。

从现代医院的发展规模看，由于现代高速交通工具的普及和发展，引起人们对空间距离的观念性变革，人员可迅速集散，医院的吸引范围也就越来越广，规模随之越来越大。

从现代医院的类型看，除普通综合性和越来越多的专科性医疗中心外，国外医院有时还附设有某些按时间特性划分的医疗设施，如白天医院、夜间医院、星期医院、独立流动外科服务中心等，其共同特点是：诊断治疗紧凑密集，手术当天往往就可出院，能缩短甚至取消某些病人的住院时间。由于这类医院反映了病人不愿长住，要求舒适、速效、节约费用的愿望，因而较受欢迎。但这也使得医院的管理更为复杂，从而要求各项医疗服务具有严格的计划性和各方面的协调配合，对医院建筑设计也提出了更高的灵活性、适应性要求。

二、综合医院的组成要素

（一）门诊部

门诊是医院的前沿和窗口，接待不需住院的非急重病人就诊和治疗。一般分若干门诊科室，如内科、外科、儿科、妇科、产科、五官、口腔、皮肤、神经、中医等，规模较大的医院分科更细。此外，还有门诊的公用部门和医技科室，如门诊药房、收费、挂号、化验、手术室以及门诊办公、示教等用房，急诊部也往往和门诊合设或独立或相邻配置。

（二）医技部

医技是集中设置主要诊断、治疗设施的部门，集中反映医院的医疗技术装备水平。其中包括影像诊断、放射治疗、中心手术、中心检验、功能检查、理疗康复、重症监护单元（ICU）、核医学、人工肾、药剂科、高压氧舱等部门，以及相关的教学、研究用房。医技部分是医院中发展变化可能性最大，改扩建最多的部分。

（三）住院部

由出入院、住院药房及各科病房组成。病房有普内科、普外科、儿科、妇科、产科、神经内科、神经外科、泌尿科、皮肤科、消化科、肿瘤科、眼科、五官科、心血管科等，还有传染科、整形外科病房，供需要住院治疗的病人在此卧床诊断和治疗。此外，还有针对特殊人群或病程设置的病房，如康复病房，以接待高级干部、外宾为主的特优病房等。

（四）后勤部

后勤部或称医疗辅助部门，如中心供应、营养厨房、中心仓库、洗衣房、蒸汽站、中心供氧站、中心吸引、医疗器械修理、汽车库、动物房、太平间、污水处理站、变配电站、空调机房及其他设备用房等。有一些医院则将中心供应划归医技部。

（五）行政办公

诸如院长办、接待、会议、医教、医务、质检、护理、财务、总务、文秘、人事、档案、电话通信、统计、计算中心、图书馆、研究室等等。

（六）生活服务

生活服务主要是住院医生宿舍、职工食堂、职工家属住宅、托幼设施、商店、俱乐部或职工之家等。

三、医院各部门间的功能关系

大型综合医院，组成复杂，科室众多，相互间的功能关系及其密切程度各有不同，一般很难全面掌握。

（一）医院人、物流线及各部门间的功能关系

①医院划分为医疗、后勤、管理三大部门。医疗部分门诊在前，住院在后，医技介于门诊和住院之间（医技自左下方向右上方倾斜）。其中药房、检验、功能检查、放射、核医学等应靠近门诊布置，手术、分娩、中心供应等应适当靠近住院部。流线的宽窄表示流量的大小，当然这只是个模糊概念。

②科室和部门间的关系体现为：手术部应靠近外科病房、ICU 和中心供应，分娩部应贴近产科病房，产科病房适当靠近儿科病房，核医学靠近放射或作一体化布置，解剖和病理检验有某些联系，可适当靠近。

③传染、精神、结核、老人等病房，虽仍属住院部，但由于病人的特殊功能要求，最好在独立地段分别单独设置，与普通病人有所区分，以免相互影响或感染，老人则介于病与非病之间，住院期长，最好单独设置老人养护院。

④急诊和手术部应有直接而方便的联系，便于争取时间尽快抢救，急诊与放射也应有方便的联系。营养厨房与住院部应贴邻布置，以缩短供应线路。急诊病人大多需要住院治疗，有条件时，二者也应靠近一些。

（二）医院各部联系的急切度

ICU、急诊、手术、血库、分娩部最为紧急；检验、放射、中心供应稍次。这些部门的相关位置及功能要求，在较大程度上关系到病人的安危，因此应给予优先考虑和特殊关注。住院部则以儿科、妇产科、外科、内科病房与相关科室的联系应优先考虑。

（三）医院各科室联系的强度和频率

药剂、检验、放射、手术是人流、物流量大、强度和频率最高的部门，其中药剂、放射人流主要来自门诊，住院次之。检验的工作量来自住院部的也很多，但是由专人集中传送标本和报告，不需住院病人亲临。手术病人则主要来自住院部。门诊病人则在门诊手术接受治疗。

（四）医院职工及探病人员分布密度

普通病房、急诊部、恢复苏醒、接待入院、放射诊断、理疗等部门是病人、家属及探视人员联系密切的部门。更衣、食堂则是医院职工联系较多的地方。检验科主要是标本和报告的传送，人员联系较少。门诊病人仅在门诊检验交付标本，不必进入检验科内部，因此，人员分布密度较低。

（五）医院各部食品、物品、供应品的联系情况

中心供应、被服库、中心库房、药剂部、血液中心、检验科等与各部的联系最为密切，营养厨房次之

（六）医院各部的信息交流情况

入院、接待、检验、放射、血液中心（血库）、病案室、药剂部、被服部与相关部门的联系较为密切，主要是了解、提供各种资料、报告、数据、图像等。行政办公部门除与更衣、血库极少联系外，与表列其他部门都有中等程度的信息联系。

在流线组织中病人流线是关注的焦点，特别是急诊、传染病人应把流线控制在最短的程度，以利抢救或减少传染的影响。对急诊、手术、ICU等关键部门的物流线也应给予适当关注。信息流线对科室间的空间位置没有什么影响，一般在满足人流、物流要求的前提下再加以考虑。

第二节　医院建筑形态类别

由于特定的组成要素、功能结构以及医院所面对的自然、社会等方面的条件差异，因而产生不同的医院建筑形态。这里所说的建筑形态，是指医院主体部分的门诊、医技、住院三者之间的体形构成关系及类型特征。根据国内外的医院建筑实例，大体归纳如下：

一、分栋连廊的横向发展模式

分栋连廊的横向发展模式即将门诊、医技、住院按使用性质分别设计为若干栋相对独立的建筑，再用公共走廊、交通枢纽联成有机整体，这种类型在国

内外医院建筑中得到广泛运用。按其分栋情况又可分为三栋式、二栋式、多翼式、分散式等类型。

（一）三栋式

将门诊、医技、住院各建一栋，使用功能相对独立，行政办公、医辅部门及后勤系统，可在总平面上另行布置，也可部分纳入门诊、医技、住院的适当楼层。三栋之间以廊道联通或前、中、后呈"工"字、"王"字形布局，或左、中、右呈"山"字形排开；或左、右、后呈"品"字形布置等，以适应基地的条件变化。其中门诊居前，便于与城市主要干道衔接，以缩短门诊病人的外部流线。医技居中，便于对门诊和住院双向服务，而且可作为两者的中介，缓冲门诊人流对住院部的干扰。住院部居后，位于医院腹地，拉开与城市干道的距离，以便为住院病人营造一个安静舒适的养病环境，少受城市噪声的干扰，且利于采光通风。这种三栋式与门诊、医技、住院的"三极"功能结构相吻合，便于根据各自需要选择适合的建筑和结构形式，因此，在我国应用极为广泛。设计中应该特别注意的是对位于中间部位的医技部分的发展问题，应作好预测和规划，以免陷于被动局面。

（二）二栋式

即门诊、医技、住院三部分中的医技进一步缩小基地面积，并向门诊和住院楼转移，最后形成门诊、住院两栋建筑。

分栋方式之一，是将医技楼一分为二，将与门诊关系密切的科室如影像诊断、放射治疗、中心检验、功能检查等并入门诊楼；将与住院关系密切的医技科室如手术、ICU、中心供应、分娩部等配属在住院楼内；对门诊、住院使用频率都比较高的医技设施，则各设一套，但有主次之别，如门诊手术与中心手术，门诊化验与中心检验，门诊药房与住院药房等，形成门诊医技楼与住院医技楼的两栋式组合。

分栋方式之二，是将医技楼设于住院楼的下面几层，作为裙房处理，从而形成门诊楼与住院医技楼两栋，门诊、医技、住院形成前、中、上，或左、右、上的布局形式。由于住院楼叠于医技楼的上面，往往形成高层住院楼，以减少建筑基底面积，扩大院内绿化。

（三）分散式

指门诊、医技、住院分为4栋或4栋以上者，如住院部又分为内科楼、外科楼、妇产科楼；医技部又分为影像楼、手术楼、检验楼等。这种布局有一次形成与逐步形成之分。

1. 一次形成

基本上是为了贯彻明确的设计意图，以达到既定的建筑空间效果。如为了分散过大的建筑体量，便于与环境协调，取得良好的功能和自然采光通风条件。例如北京积水潭医院，其为了保护水面及原有王府花园的庭榭建筑并与环境协调，而采取自由舒展的分散连廊式布局，将住院部分为三栋，与门诊错列，医技则分别设于门诊和住院楼内。再如北京天坛医院，由于其位置靠近天坛，为了保护古建筑，必须控制建筑高度和体量，该院病房分为4栋，并设手术栋、放射栋等。

2. 逐步形成

逐步形成的分散式布局多见于某些历史悠久、规模较大、用地宽松的大型教学医院。由于规模逐步扩大，医技科室多次扩展，再加上缺乏长远规划，投资分散、领导更迭、决策多变等因素，造成较为分散的总体布局。这种方式最有利于分期建造，对地形条件的适应性强，自然采光通风和相互隔离条件良好，主要问题是外部流线复杂，占地大，线路长，各部联系不便。新建医院中，由于用地受限很少采用。

（四）多翼集簇式

其特点是住院部分相对集中，门诊、医技横向铺展，形成多翼并联。虽分散布置多栋，但采取缩廊压距的办法，门诊、医技之间的间距只满足必要的采光通风要求，从而形成分而不散的紧凑布局。日本的一些医院这种特性极为明显，北京的中日友好医院也具有此种特性。

二、分层叠加的竖向发展模式——高层或多层的一栋式医院

将门诊、医技、住院按下、中、上的顺序重叠在一起，形成一栋大型医疗建筑综合体。现代大型城市医院规模大，用地紧，而且强调高效紧凑。因此，在日本和一些西方国家率先采用这种"一栋式"的医院模式，在一栋楼内几乎包容了医院的所有科室和部门，功能关系极为紧凑，各部门之间全为内部联系，流线极为短捷，省时增效，节约用地和管线，在现代医疗科技和经济实力的支持下，这种医院模式也有较大的生存和发展空间。

高层塔台式是这种一栋式医院的基本类型，其外框界面上下基本一致，一般地下层布置辅助设备和部分医技科室，如太平间、病理解剖、防护要求高的核医学、放疗、营养厨房以及空调、机电等设备用房；地面及近地层布置主入口、门诊、急诊及公用科室；中间层布置其他医技科室；上部为住院部各科病房。医技部分仍介于门诊和住院之间，以利双向服务并起缓冲隔离作用，营养厨房可设于地下室，便于原材料供应，也可设于顶层利于消防、排气。

三、高低层结合的双向发展模式

高低层结合的双向发展模式是由高层塔台式演化而来，即将低层或多层"台"的平面部分进一步扩大，其基底面积超过了高层部分的基底面积，在建筑造型上形成强烈的横竖对比，低层部分布置门诊、医技，因贴近地面便于自由发展，以适应变化要求；高层病房楼则压缩体量，以解决采光通风问题。

这种高低层双向发展模式又可分为两种类型。第一种类型：为低层部分全封闭连续板块上的高层塔楼，例如丹麦哥本哈根的赫利夫医院，除具有上述特点外，该方案将护理单元的医、护值班室与住院医生宿舍合一，既方便就近护理，又免去空间的重复设置。

第二种类型：低层部分开若干光井，或留出一条条槽口，强调自然采光通风，低层部分大体同层，条带之间根据需要，长度自由，布置潇洒。

例如北京同仁医院，它是比较规整的低层板块，留出若干光井，虚实交错，布局紧凑有序，地下两层为设备机房，1～5 层为门诊、医技，其上为高层住院塔楼。

四、板块式同平层发展模式"蛋糕"式医院

不盖高层，整个医院包容在一个矩形多层空间之内，以节约用地，缩短流线，提高效率，增强医院的应变能力。其大跨度结构空间，可兼作设备层，便于设备管线的检修和调整。

五、母题重复的单元拼联发展模式——体系化医院

20 世纪 50 年代后的建设时期，医院建设量大，而且时间紧迫，为此出现了一些不同规模的医院标准设计，以便按图重复建造。但由于设计的是医院整体，而建设情况却千差万别，这些标准设计很难适应。20 世纪 70 年代将标准化的规模由整个医院缩小到一个单元或更小的功能单元。同一体系的单元，有统一的技术参数、结构体系和构造作法，可以灵活拼联组合，以增强其适应性。其共同特点都是用于多层或低层的横向发展模式。

20 世纪 70 年代末，80 年代初，欧洲的医院建筑出现了从高层转向低层的新趋向，这既是受经济规律的驱使，也反映了人们对高层建筑和紧张的都市生活的厌倦。因此，这种低层庭园的单元拼接式医院便应运而生，风靡英国，波及海外。

英国的 Nucleus 体系，采用"十"字形单元，每层约 1000m²，跨度 15m。用这种单元可分别满足门诊、医技、住院等部分的不同功能要求，内部调整灵

活。在总体布局上可沿医院街水平延伸，适应扩展要求。用这种单元加以拼接组合，可形成统一母题的总体构图，元件单一，组合多样。因系低层"单元拼接"体系，易于与自然环境协调，可按工业化体系建造，也可就地取材，降低费用。且由于采取自然采光通风，能耗较低。加拿大建筑师曾就高、低层医院建筑的管井及设备用房面积做了比较，认为低层比高层平均节省 8%～12%；从交通联系的效率看，在水平通道上，护士推车每分钟可运行 79m，乘电梯平均用 48 秒可达另一层楼，效率无多大差异。但水平交通的运行稳定性更为可靠一些。

例如加拿大埃德蒙顿麦肯齐健康中心平面。这是多层标准单元拼联与中庭相结合的又一成功范例，单元呈"T"字形，绕中庭周边布置，门诊医技部分插入中庭，并将其划分为东西两区，中庭花园高贯 7 层，各部分之间有天桥连接，礼品店、咖啡座与庭园绿化相映成趣，充满勃勃生机，病人家属可在此游息等候。

这种单元拼联方式，可将医院这样一个复杂的建筑综合体，分解为若干元件进行多工种综合设计，然后按需要再组装成医院整体。这对提高设计水平、缩短建设周期，减少重复劳动具有较大的应用价值。

例如东莞康华医院，门诊、医技、住院分成三个平行的折线地块、呈前、中、后布置。在门诊与医技、医技与住院之间设有两条折线形医院街，从而将门诊与住院病人区分开来。医技夹在内、外医院街之间，利于双向服务。门诊、医技、住院分别由不同形态的定型单元组成，以满足三者不同的功能需要。

第三节　医院建筑形象塑造

外在形式和内在功能是依存一体的建筑基本要素，形式是功能的外现；功能是形式的内涵，功能只有转化成一定的平面和空间形式之后才能发挥作用。所谓"设计"，其实就是为设计者的功能意图找出一个最为适合的表现形式。在国外众多医院建筑中，的确鲜有姿态万千、光彩照人的作品；而在国内，光鲜亮丽的医院形象却比比皆是，似乎我们在形式上已经超欧盖美了。欣喜之余是否也应反思一下，我们是否为此而付出了过高的代价，并带来某些负面影响？

人们对医院建筑的造型比较宽容，设计一般按其功能要求，顺其自然，很少有矫揉造作的痕迹，但对基本功能、流程线路、病人感受、技术经济等方面的问题则从严要求。越是贴近病人的建筑细部越易引起病人的情绪波动，因此也就越应受到关注，考虑得也应更加细致周到。

　　反观国内，近年来建筑"选美"之风盛行，对医院的造型要求几近苛刻，一些建筑师为体现所谓的"标志性""新奇特""王者风范""过目不忘"等外观要求，而冥思苦想、绞尽脑汁，也就没有多少精力来仔细研究适用、经济等方面的问题，因此，设计出一些中看不中用的医院建筑也就不足为奇了。例如某急救中心大楼，为追求"亭亭玉立"的体态而使标准层过度减肥，导致一个病房单元面积不足 600m²，只好分设于两个楼层进行护理；有的住院楼似乎"漂亮"了，又怕放在门诊和医技楼后面被遮挡埋没，硬要移到大街边上凑热闹，从而使功能关系倒置，造成布局混乱、环境恶化；有的医院领导要求每栋建筑都要各有特色、要超过其前任建筑物的高度，结果互相争奇斗艳、反而导致医院整体特色的迷失，建筑体形和造价也就越来越高。这些都是忽视功能、曲意迎合某些片面的视觉审美需求的结果。不过，这并不是说"美"与"功能"不可兼得，而是说明"物极必反"、务美过度将反受其害的道理。

　　医院终归是为病人服务的，病人和医护人员才是最直接的"业主"和"上帝"。"减轻痛苦、提高效率、降低费用、尽快康复"是病人的基本要求。在医院"外形美"的众多消费者中，病人是消费最少而又为之付出最多的。住院、急诊患者病情急重、生命攸关，根本无暇顾及医院外观；门诊病人多在入口雨篷下车，挂号，候诊，看病，取药之后，早已精疲力竭，也没有多少闲情逸致来观赏医院外形之美了。因此，那种不计成本的建筑"务美"热潮也该适当降降温了！当然，对于女性职工居多的医院，却又总是"爱美没商量"，在满足功能要求之后，方案的美学品质便成为主要矛盾。为此，建筑师还必须不断提高自身的艺术素养和协调功能，驾驭形式的能力，才能更好地满足日益高涨的社会审美需求。

　　医院建筑的形象设计要突出自身的个性特征和环境优势，医院特征是其功能特性的空间体现，强调内在功能美与外在形式美的有机结合，但功能美是前提，是基础，先求好用，后求好看。医院的环境优势在于低容积率、高绿化率，易于在建筑与自然的结合上求得整体环境的和谐统一的美感。医院建筑多由门诊、住院科室的单元组成，无论是横向分栋联廊或是竖向分层叠加都极具规律性和韵律感，体块构成单一，空间组合多样。其间桥廊穿插，花木掩映，自有清雅之趣，使医院建筑形象显得简洁明快，平和自然，质朴真诚。总之在建筑处理上应更生活化、自然化、世俗化一些，这样才贴近普通老百姓的现实生活，也才是真实的、富有人性味的、不像医院的医院建筑风格。

　　在建筑处理上，除某些必须提醒人们注意引起警觉的部位外，应少用大起大落、大虚大实、浓墨重彩的处理手法。这种激情处理手法不利于患者保持平和心态。某些过分豪华的商业包装，患者反而会为自己的支付能力而产生忧虑，感叹囊中羞涩而加重精神负担。一些需要防范隔离的科室，忌用高墙铁网，而代之以树墙绿篱，自然限定允许接近的范围，以消除病人的监禁感及其负面心理影响。

国外的医院建筑外观大都比较朴实、淡雅、简洁大方，但对医院功能、流线安排、病人需求等方面的问题则研究得更为细致深入，越是贴近病人的建筑细部，越容易引起病人的情绪波动，也越应受到建筑师的关注。因此，国外的医院外重环境，内重功能，关注的主体是病人，其医院建筑更接近一般的居住建筑风格，使病人感到亲切自然、舒适温暖，从而产生对医院的信赖感，增强战胜疾病的信心和勇气。

医院建筑的艺术风格，也必然受到现代建筑思潮及其流派的影响，在以功能为依据、建筑块体不变的情况下，也出现了形式多样、风格各异的医院实例，这多半是建筑师采用"固本变末"的艺术处理手法的结果。固"本"以保证医院功能的合理性，变"末"以寻求建筑风格的多样性，以满足不同环境和人群的艺术审美需求。医院建筑风格大体上可归纳为以下几类：

一、现代派

强调形式追随功能的需要，建筑形式取决于外部环境和内部功能，注重应用新的技术成就。建筑形式反映新工艺、新材料、新结构的特点，不必去掩饰遮盖。体现新的审美观念，建筑趋于净化，摒弃繁琐装饰，建筑造型要求几何形体的抽象组合，简洁、明快、流畅是其外部特征。现代派注重建筑与环境的融合，流动空间，有机建筑，开敞布局等都是具体体现。

现代派的这些学术观点和主张与注重医院功能、注重环境绿化、注重医疗技术等简洁高效的医院建筑非常合拍，其以简朴、经济、实惠为特点的现代医院建筑很适合我国的经济发展水平和大量性医院建筑的实际需要，因而成为医院建筑的主流，具有广泛而深远的影响。

二、新乡土派

新乡土派或称新方言派，是现代风格结合地方特色以适应各地区人民生活习惯的一种艺术倾向，仿清水砖石贴面、券门、坡屋顶、老虎窗与自由的空间组合，成为地方传统建筑与现代派建筑构思相结合的产物，既区别于历史式样，又为群众所熟悉，能获得艺术上的亲切感和新鲜感。

例如比利时根克市圣约翰医院，其结合功能平面布置自由潇洒、简朴清新，砖墙、坡顶加上断续遮阳挡雨板，富于节奏感并增强了明暗对比和大片墙面的表现力，主入口的单坡雨篷及右侧大玻窗标示出入口大厅，医院建筑与当地住宅建筑风格融为一体，居民倍感亲切自然，从而拉近了从家庭到医院的心理距离。

例如美国马里兰州一所具有乡村旅舍风格的儿童医院。在这里，父母可包房陪孩子住院，家庭邻居之间相互关照，关系融洽友善。这里虽为病房却更像度假村，室外石墙土瓦、碧树蓝天，室内软椅柔床、石砌壁炉，洋溢着温暖闲适的家庭气氛。

例如美国印第安纳大学儿童医院，采用几组错落起伏的 M 形坡屋顶，延绵跌荡，深得统一变化之妙，顺坡而下的顶窗处理，洒脱自然，饶有新意，颇具儿童医院的积木式建筑意趣。

例如美国芝加哥的恩罗伊医疗中心，利用檐口折线的假四坡顶，电梯塔亭、入口雨篷的真四坡顶等处理手法，把一个普普通通的建筑装点得高低错落，色彩明快，趣味盎然。

三、新古典派

新古典和新乡土都吸收了某些建筑传统构图要素，但新乡土源于民间，较为自由潇洒，新古典则来自官式建筑，比例工整、严谨，造型简洁典雅，也用花饰拱券，但不繁琐，以神似代替形似。这种风格往往是为了与已有的建筑环境协调，以延续历史文脉，或用于某些民族传统疗法的医院，以体现民族自豪感。

例如北京协和医院，该院旧建筑群竣工于 1921～1925 年间，外形为 7 开间，重檐庑殿式，以故宫太和殿为模仿原型，为绿色琉璃瓦顶的 3 层建筑。相隔 70 多年后建的 12 层病房楼，在高出平屋面的电梯机房、楼梯间部位加上绿色琉璃屋顶，局部配以琉璃挑檐压顶，从而使新旧建筑在风格上融为有机整体。

例如西班牙某肿瘤医院，深褐色的屋顶与白色墙面、尖圆拱廊形成强烈对比，方形电梯塔楼承载八角穹顶及其四角的小弯顶处理，极具雕塑感，透出佛罗伦萨和圣彼得大教堂的建筑余韵，也反映了医院建筑的宗教渊源。

例如美国加利福尼亚圣迭戈市儿童医院。建筑由六组尺度宜人的护理单元及其坡屋顶组成。设计吸取了周围环境中的造型要素，具有浓厚的传统风格，但又极为活泼生动，一改古典式样让人望而生畏的环境特征。生动活泼的钟塔，红色锥顶及气囱方筒体，使人联想到科罗拉多旅馆的标志性形象。

四、高技派

高技派主张技术因素在现代建筑设计中起着决定性作用，认为功能可变，结构不变，主张以不变应万变的通用空间来适应医院的发展变化。艺术上宣扬机械美学，于是各种钢架，混凝土梁柱，五颜六色的管道，通通不加修饰地暴露出来，墙面上多采用有金属光泽的铝合金板材或玻璃幕墙，以体现技术工艺的精美，医疗技术的精湛。

例如德国亚琛大学医院。其内部为了具有通用空间布置的灵活性，而将管线外露，与巴黎蓬皮杜艺术中心有异曲同工之妙，因而被戏称为蓬皮杜医院。人们似乎看到一次胸腹部大手术，动脉、静脉，大肠、小肠呈现眼帘，揭示出人体内在结构的奥秘和建筑功能特色。

例如加拿大多伦多大学圣米切尔斯医院李嘉诚楼。其玻璃幕墙，上、下架空以削弱其笨重感，用横空连廊与邻楼联系，构图干净利落，又丰富多彩。不过此类大面积玻璃或金属幕墙的处理手法如何与节能要求协调起来，是很值得研究的课题。

例如美国斯通布鲁克大学医院。其利用地形，高层居高，多层在低处，高层六角住院楼作双塔处理，下空上收，体面转折，医技和基础学科楼为方形平面的无窗体，每个面以"十"字凹槽一分为四，以丰富立面，削弱其笨重感。主体部分看似金属幕墙。

例如美国密尔沃基的圣玛丽医院，为 4 个半圆形组成的"十"字形平面，每个半圆又外挑 5 个小半圆作为相邻病室的两个卫生间。整个形体由大小不同的凹凸曲线组成，柔美灵动，变化无穷，以标榜其技术高妙，工艺精美。

例如比利时根克圣约翰医院门诊大厅。它的钢架结构暴露无遗，施以橘黄色的防锈漆，作为装饰构件处理，丰富了大厅的形象和色彩。

这种高技派建筑风格，在国内的医院设计中，除某些门诊中庭内部因暴露梁架结构有所体现外，一般还未发现类似的实例。

第二章　现代医院的整体规划

第一节　医用建筑规划的一般性原则与布局的基本方式

医用建筑整体规划是指：医院管理者按照医疗系统功能与流程需求，根据医院床位规模、基地面积、投资预算，对医用建筑各系统的空间布局、流程衔接、功能区分及系统内部各子项的建设所做的计划。下面着重就医用建筑整体规划中，以《综合医院建设标准》《综合医院建筑设计规范》为依据，按照卫生行政管理部门对特殊医疗专业在建筑规划与布局上的流程要求，根据自然基础状态，就医用建筑整体规划的一般性原则、空间布局的基本方式、建设阶段衔接、总体规划与单体组合、交通流线组织等方面进行探讨。

一、医用建筑规划的一般性原则

（一）先进性原则

医用建筑规划要立足医院长远发展，吸纳当代医用建筑发展的"医疗街""一站式服务""多通道门诊区"等先进性理念，运用现代信息管理手段，坚持"以人为本"的方向，将医院发展的规模、成长的周期与学科的规划相结合，以品牌带动医院的发展与成长。规划建设中要遵循"设定规模，确立远景；系统规划，衔接设计；梯次投入，滚动建设"的原则，使医院规模与展开的步骤与所在城市的发展和人口的增长同步。按急用先建，缓用后建，控制建设投资，缩短建设周期的主旨，确保医院健康发展。

医院的平面布局最大特色是医院的整体规划以"医疗街"连接各部门、机电设备机房均设在地下室，通过医疗街的吊顶走管道，既能节省管道的能源损耗，又使医院的外部环境更加整洁。"医疗街"纵贯中轴线，将各相关医疗功能路线连接成一个整体。"医疗街"也可分成两种形式，一种是有盖顶的医院街，是医务人员与患者医疗活动的流动路线；一种是无盖顶的医院街，既是消防通道，也是医务人员和患者休闲、散步的场所，街两旁一侧与室外庭园连接，欣赏自然风光。一侧与医疗建筑连接形成通道网络。

在医院门诊诊区的功能设计上，近年来也有不少医院从方便患者的角度考虑，采用"一站式"服务模式，将挂号、收费、诊疗、采样、化验等流程形成一个整体，使患者进入诊区后在同一个平面上基本解决就诊流程所需的各个步骤，缩短患者在门诊运动的时间与距离，方便了患者。

伴随着"一站式"平面布局理念的诞生，派生出"多通道"专科门诊设计的方式。最近多年来在一些新建的大型综合性医院中，对门诊的设计出现了新的概念。主要做法是将门诊分为专科门诊，设计独立的通道与平面，形成完整的流程空间。这种设计方式对于专科技术水平较高，发展潜力较大的医院不失为一种新颖的概念。

（二）规范性原则

医院建设的规模受诸多因素的影响与制约。宏观上，应遵循国家民用建筑相关规范与卫生学相关规范，根据当地政府对医疗整体需求的评估与医疗机构的布点安排，市场的需求度，专科的特色及重点学科的设置来确定医院建设规模。微观上要关注医护人员工作的便捷性与医疗护理的安全性要求相统一；既要保障患者的安全、便捷、尊严，也要保障医护过程的顺畅、安全、有效。要坚持以规范引导规划，既不能无限制扩大规模，也不能违反医院运营的客观规律。切实以住建部《综合医院建设标准》《综合医院建筑设计规范》中不同等级医院建设中床均占有面积为依据，参照各省（市）卫生部门对本地区医院建设中不同等级医院面积的床占比的要求进行规划安排。在节省人力、物力的前提下，结合本地区、本单位的实际设置医院总体规模，做好相关要素的组合，避免贪大求洋，造成浪费。

表2—1、表2—2所示为原卫生部、住建部颁发的《综合医院建设标准》中的摘录：

表2—1　　　　　　　**综合医院建筑面积指标（m²/床）**

建设规模	200床	300床	400床	500床	600床	700床	800床	900床	1000床
面积指标	80		83		86		88		90

表2—2　　　　　　**综合医院各类用房占总建筑面积的比例（%）**

部门	各类用房占建筑面积的比例
急诊部	3
门诊部	15
住院部	39

部门	各类用房占建筑面积的比例
医技科室	27
保障系统	8
行政管理	4
院内生活	4
合计	100

《综合医院建设标准》在条目的说明中强调：使用中在不突破总面积的前提下，各类用房占总面积的比例可根据地区和医院实际需要作适当调整。

综合医院内预防保健用房的建筑面积，应按编制内的每位预防保健人员20m²配置。设有研究所的综合性医院，应按每位工作人员32m²增加科研建筑用房的建筑面积，并应根据需要按有关规定配套建设适度规模的中心实验动物室。

医学院校的附属医院、教学医院的教学用房的配置，应符合表2—3的规定。

表2—3　　　　　综合医院教学用房建筑面积指标（m²/学生）

医院分类	附属医院	教学医院	实习医院
面积指标	8~10	4	2.5

对于磁共振成像装置等单列项目的建筑面积按表2—4中标准执行。

表2—4　　　　　综合医院单列项目房屋建设面积标准

项目名称/建设项目	单列项目房屋建筑面积（m²）
医用磁共振成像装置（MRI）	310
正电子发射型电子计算机断层扫描装置（PET）	300
X线电子计算机断层扫描装置（CT）	260
数字减影血管造影X线机（DSA）	310
血液透析室（10床）	400
体外震波碎石机房	120
洁净病房（4床）	300

续表

项目名称/建设项目		单列项目房屋建筑面积（m²）
高压氧舱	小型（1～2人）	170
	中型（8～12人）	400
	大型（18～20人）	600
直线加速器		470
核医学（ECT）		600
核医学治疗病房（6床）		230
钴－60治疗机		710
矫形支具与假肢制作室		120
制剂室		按《医疗机构制剂配制质量管理规定》执行

注：1. 本表所列大型设备机房均为单台面积指标（含辅助用房面积）；

2. 本表未包括的大型医疗设备可按实际需要确定面积。

综合医院的建设用地，包括急诊部、门诊部、住院部、医技科室、行政用房、保障系统、院内生活用房等七项设施的建设用地、道路用地、绿化用地、堆晒用地和医疗废物与日产垃圾的存放用地、处置用地，床均指标应符合表2－5中的规定。

表2－5　　　　　　　　综合医院建筑用地指标（m²/床）

建设规模	200床	300床	400床	500床	600床	700床	800床	900床	1000床
用地指标	117		115		113		111		109

上述指标是综合医院七项基本建设内容所需的最低用地指标。当规定的指标确实不能满足时，可按不超过11m²/床指标增加用地面积，用于预防保健、单列项目的建设和医院发展用地。

设有研究所的综合医院应按每位工作人员38m²，承担教学任务的综合医院应按每位学生36m²床均用地面积指标外，另行增加教学科研的建设用地。综合医院的停车场按小型汽车25m²/辆、自行车1.2m²/辆增加公共停车场面积。

在新建设的医院规划中，建筑密度宜为25%～30%；绿地率不低于35%。改建、扩建的综合性医院建筑密度不宜超过35%，绿地率不应低于35%。这一要求并不是"一刀切"，而是根据土地面积及相关规范要求进行安排。

医院建设申报必需完备相关程序性要求，如政府的立项批准书、规划红线、资金预算、首期设备清单、学科规划以及环境保护的论证的结论等。同时要按照医疗相关法规对医用建筑的内部流程进行规划，确保科学性与安全性的统一。

例如广东省东莞市康华医院，该地块呈南北走向，但其主出入口位于高速公路的西侧，规划中的中轴线仍呈南北走向，但其门（急）诊入口位于东西与南北高速公路的交汇处，建筑内部通过南北连廊进行门诊科室分区。该设计将生态概念贯穿于设计全过程，强调对自然条件的尊重，对基地的地形、日照、风向、土壤、水资源、绿化等基本情况通过详细的分析，并加以充分利用，使整个建筑与自然环境融为一体。

（三）规划优先原则

医院建设的规模有大小之分，面积有多少之别，基础条件各不相同，但无论何种情况下，必须将规划放在优先的位置，做到先规划、后建设，以规划引导建设。首先，规划要与当地的城（市）镇人口发展规模相匹配，兼顾医院成长周期的客观规律。在确定医院建筑的总体规模时，要对当地医疗需求总量与存量有一个基本的分析，对公立医院应承担的任务要有明确的界定，对政府赋予的医疗保障任务有客观的认识，以常见病、多发病为主体，以适宜性原则确定医疗专业发展的方向。在优先承担好自身任务的前提下，适度发展医院自身可以承担的专业。同时可以留出一定的市场份额让民营资本投入，帮助政府解决有困难的、市场难以满足的一些专业。

同时，要将视野放在可预见的周期内，立足医院长远发展，规划基本建设规模。确立好医院发展的阶段性计划，将现阶段的需求与未来的需求做出阶段性划分，通过图上作业，做好建设的阶段性衔接，逐步进行完善，达到现实与未来的统一。如果医院确有发展前景，而现有的地块或地形又受到限制时，应果断下定决心，在政府的支持下，通过阶段性"征地扩容"，为未来的发展早作准备。如果现有基地面积确实难以扩张，应果断易地重新规划，不可留恋旧地，妨碍医院未来的发展。

其次，要将医院建筑的整体规划作为医院建设发展大纲的主体内容，经卫生行政主管部门批准后，必须坚决执行，不因领导人的变更而改变，除非因城市规划调整，政府对医院的动迁有刚性要求，一般情况下必须坚持，以保持医院规划的连续性，保持长远发展的基本方向。

江苏省人民医院根据医院的规模，结合地形特点，通过整体规划，对医院既有的建筑与拟新建的建筑进行了衔接设计，长远规划一次定位，分期建设。有效地利用地形与空间，使医院建筑单体与整体连接疏密有致，充分体现尊重自然，绿色建筑的理念。

（四）系统性原则

医用建筑系统规划既要与自然环境和谐统一，也要与城市发展规模相匹配。一个新兴的城市，人口规模的发展有一个过程，经济发展也同样有一个过程，建筑的整体规划既要考虑现实的需要，又要面向未来，先建什么，后建什么，做到梯次衔接，律动有序。对医用建筑"群"系统范围内的门诊部、急诊部、住院部、医技科室、保障系统、行政管理、院内生活区及教学系统、科研系统等九个方面的服务设施要一次性规划到位，既要把当前的建设规划好，也要为后续发展创造条件。在外部，对于交通流线、环境保护、建筑造型、外部色彩、体量高度等要与周边建筑相衔接，使医院的个性特征与整个城市相融合。要做好医院保障系统与城市中各类管网的连接，如：自来水管道、污水管道、网线管道、蒸气管道等，都要预作处理，形成系统的衔接。

山西省人民医院是一所老医院，基地自然条件比较差，该地块呈三角形，原布局比较松散，通过设计优化，使门诊、急诊、手术部、住院部及后勤保障系统达到了布局紧凑、分区明确、流线便捷的要求。规划时，将主体建筑避开三角，仍呈长方形规划走向，通过交通道路的连接，使医院的建筑层次有机相连。

医用建筑的系统路径安排必须做好功能衔接，安排好门诊、急诊、医技、儿科门诊、感染控制科门诊、住院部相互间的路径关系，尽量用最短的路径、最便捷的方式，让患者能尽快到达目的地。例如河北医科大学四院在平面布局中，充分考虑人流与物流的路径，采用中庭与短主街紧密相连的布局方式，通过宽敞明亮的中庭与医疗主街贯通，连接医院各部门；通过支街派生的支线与医院众多功能区串联，使各部门联系方便。同时，在各区域设置独立的出入口，减少交叉干扰，防止院内感染，又方便了患者。

医用建筑系统的空间组合，必须以患者为中心，满足指向明确、环境舒适、安全尊严的要求。通过交通流线，进行科学的空间组合，以减少就诊所需时间、手续为原则，使挂号、就诊、检查、诊断、咨询及相关治疗在一个相对明确的空间中进行，例如某医院在门急诊平面流程规划时，将门诊的挂号、就诊、取药及急诊的就诊、取药、医技系统相互连接，方便病人的候诊区域的流程安排。

（五）效益性原则

医院规模受三方面因素的制约：专科特色是发展的动力，决定医院发展的方向；市场份额是生存的条件，确定规模的理论指标；运行成本的最佳点，是对规模的约束，三者之间互为影响与依托。如果医院有一定专科特色，规划时，应以特色为指引，以发展当地适宜性技术为基础方向，规模上应有一定的发展余地，着重点应放在结合未来的方向做好规划衔接；如果为专科医院，则应将着重点放在技术发展上，要以提高技术水平、缩短住院日为原则规划医院的规模。坚持适度规模，能专则专，打牢基础，积极发展。

要重视土地资源的利用规划。土地资源是不可再生的，规划要充分发挥现有土地的最大价值，既要满足医用建筑需求，又要节省用地，避免浪费。例如江苏省扬州市南方协和医院在规划与建设中充分发挥医用建筑平面的最大价值，不贪大求洋，不浪费有效面积，使医用建筑的每一平方米的价值发挥到极致；达到整体规划，分期建设，控制投资，提高效益的目的。

要积极做好节能减排的管理规划，节约能源，保护环境。无论是新建还是扩建医院，都要坚持长远利益，充分使用新工艺、新材料，以节省能源，保护环境；要加强计量管理，提高节能的自觉性，以切实的措施降低运营成本，提高经营效率。同时，要注重共生经济效益，在"以人为本"的原则指导下，在规划区内要做好为患者家属服务设施的建设，如宾馆、超市、花店等应有所安排。

湖南省长沙市某中心医院规划区域为三角形地块，在规划时，设计者采用层层扩大递进的方法，既维持了中轴线的方向，又巧妙地使规划与地块有机地融为一体。整体规划分成六个部分：门急诊楼、医技楼、病房楼、老干部保健中心、胸科中心、行政中心与急救中心，成为集医疗、急救、康复、科研、教学为一体的现代化医疗中心。

总之，医院成长是一个渐进完善的过程，医用建筑总体规划必须系统设计，渐进发展，要克服"想到哪建到哪"的无规则现象。每所医院都应有一个长远的规划蓝图。历史较长的医院，要在相对稳定的时期对医院未来的发展及床位的总体规模有一个基本评估，并做好整体规划，在发展中，通过"合理破坏"，使现实逐步与总体规划吻合；新的医院应一步规划到位，做好分期建设。在当地政府规划部门、专业规划设计单位的共同努力下使医院的建设发展按既有的规划落实到位，达到理想的目标。

二、医用建筑规划布局的基本方式

医用建筑规划布局的基本方式受医院编制规模、基地面积、地形方位诸因素的影响。通常情况下，有四种布局方式：

（一）"序贯式"布局方式

医院规模以综合性医院标准为起点，基地面积条件优越，医院发展的方向明确，建筑规模有长远的安排，建筑单体采用多层结构，基本布局按照构成医院九大功能的基本要素，延中轴线以"医疗街"为连接点，按基本流程要求进行有序连贯的布局规划。这种方式称为"序贯式"布局方式。

序贯式布局方式的主要特点是：以医疗街为交通连接线，建筑单体按功能流程展开，分区明确，交道方便，发展可持续，并可进行合理的分区与分期衔接。此种布局方式，对地形的条件要求较高。以平铺式为主，以多层建筑为主，可以节省建筑投资，但对土地的使用不够合理。例如苏州九龙医院，在地形上具有先天的优势，基地形态方正，配套设施完善，位于新区的中心位置，因此，在设计上以完整配套为基本前提，以现代化理念为基本指导，做到了分区自然流畅，发展模块衔接，环境以人为本。医院总平面呈坐北朝南纵向规划，建设分期到位。

(二)"点式品字形"布局方式

在医院床位规模较大，远景规划明确，基地面积较大时，为方便管理，医院将各功能要素采用分区集中式布局的规划形式。单体为高层建筑或多层建筑，按功能相近原则形成"点式"布局方式，相近的功能在相对集中的环境中展开，此种布局方式称之为"点式品字形"布局方式或半集中式。

这种布局方式的主要特点是：将医院住院部、门（急）诊、保障系统分区集中，满足了医用建筑功能要求，区域相近，要素功能集中，交通流线短捷，有利于工作的开展。这种布局方式需要有足够的土地面积，划区规划时，需要对长远发展做出整体安排。

如果土地资源情况允许，也可采取半集中的点布局方式，将功能联系紧密、接触频次较高的功能区进行集中布局，通过半集中的点式布局使医院的功能区既能满足现阶段要求，也能对未来的发展留有余地。例如山东省某新建医院布局，该建筑总面积 110000m²。在布局模式上采用序贯式、半集中的布局。将门诊楼、医技楼及病房楼、行政及生活用房进行有序连贯展开。既明确了功能布局的划分，又通过多层连续的主街联通，保证不同功能分区的便捷联系的相对独立。

(三)"集中式"布局方式

"集中式"布局通常在医院编制床位多、基地面积受限的情况下采用。主要是将门诊、急诊、医技、住院部通过垂直空间的组合，形成综合单体。门诊、急诊、医技的功能区采用裙楼与单体连接，通过平铺与纵向叠加进行医用功能区的布局，谓之"集中式"布局。

这种规划布局方式节省土地，充分利用垂直空间的功能组合，形成完整的医疗保障能力。但交通流线、洁污流线组织都比较困难，在综合性医院的建设中，一般情况下不宜采用此类方法。

根据已有的经验，叠加式布局的方式，由于基地面积相对比较小，地下一般为停车场或辅助设施，因此，在规划设计中要充分考虑人流量的分布与集散问题的解决。在平面交通的组织上，应从三个层次上考虑人员的流向组织。一是通过垂直电梯，直达地下通道，保证上下班时，相关人员直接从地下一层或地下二层进入工作区；二是可考虑将正负０一层的空间作为公共区域，对外直接进行流通，不作具体的功能安排，保证高峰期人流的疏散；三是从不同方向上进行人流的分散，或在二层设置步行通道与人流大厅，将一部分人流从二层直接分流。同时要注意垂直交通的组织，当总体规模超过 1000 张床位的住院部，并与医技系统在垂直方向上采用叠加布局分式时，应分区设置垂直交通电梯，保证人员从不同方向上直达目标。防止发生拥挤现象。并要充分考虑医患分流，保证绿色通道的畅通。

（四）网络式布局方式

在医院编制床位规模较大、功能齐全、专科特色明显、医教研功能分区明确，且医院医疗区、教学区、科研区、保障区规模都相应较大的情况下，各建筑单体间通过交通路线进行连接，形成网络状，谓之"网络式"的规划布局方式。

这种布局方式既要求基地面积大，也要求有一定的医疗床位规模与专科特色，对于医院医教研氛围的形成十分有利。

医用建筑整体规划的布局方式，应在"科学合理、节约用地"的原则指导下一步到位。当基地面积较小时，应当通过建筑的高度进行调节，将不同医用建筑的功能要求，通过裙楼的连接，置于同一栋建筑中，留出一定的基地空间，给美化、绿化及未来的发展创造条件；即使在基地面积较大时，也不能无原则地进行平铺式设计，而必须合理确定分区，科学规划各建筑单体的布局及其相互关系。分期规划，做好单体位置的预留，满足门急诊及各医技系统、住院系统的相互衔接要求。以合理组织人流与物流，避免交叉感染，并根据不同地区气象条件，使建筑物的朝向、间距、自然通风和院区绿化达到最佳程度，为患者提供良好的就诊环境，为员工提供良好的工作环境。

第二节　医用建筑总体规模与建设阶段衔接

医院建筑的总体规模与建设的阶段衔接密不可分的，发展的阶段性与学科的成长是相互依存的，规划时必须把学科规划作为建筑规划的重要依据，有针对性地做好分期建设的衔接工作。如果总体规模为 500 床位，第一阶段为 300 床位，在建筑规划中就要区分外科床位与内科床位的比例，重点学科与一般学科的安排，大型设备购置的种类，科室的组合方式等。上述因素都会对设计任务中的建筑面积产生一定影响。

以一个 500 床位的医院分两期进行建设为例分析：

首期拟设置床位 300 张，建筑面积控制在 4 万 m² 以内，配套设施面积控制在 1 万 m² 以内，整个医院建筑及配套项目控制在 5 万 m² 以内。首期工程预计 4 万 m²，展开 300 张床位，通过两年建设投入运营。二期建设拟再建 200 张以上床位，具体建设时间视一期运营情况再行确定。首期工程的土建及医疗设备总投资不超过 2 亿元。

按国家《综合医院建设标准》，500 床位医院标准面积 41500m²（可在总面积上增加 12%）；单立项目 8730m²（这是一个不确定数字，视大型设备的情况增加面积）；合计应建面积 49870m²。上述面积主要包括以下五个方面：

第一，医院床位数 500 床位规模医院每床平均面积按 83m²，计 41500m²。总面积中，包括七个部分：急诊部 1245m²，占 3%；门诊部 6225m²，占 15%；住院部 16185m²，占 39%；医技科室 11205m²，占 27%；保障系统 3320m²，占 8%；行政管理 1660m²，占 4%；院内生活 1660m²，占 4%。

第二，医院建设中的单列项目①洁净病房 300m²；②磁共振 310m²、CT 及其他设备 200m²，计划为 1200m²；③血透室 400m²。此项合计拟为 3000m²。单列项目不在 83m² 标准内，每增加一项，则相应增加面积。

第三，综合医院教学用房如果规划医院未来为教学医院，可接受实习学员为 150 人，则每人要增加面积 4m²，共增加 600m²。如果是附属医院，面积则要加大。

第四，预防保健与科研用房按工作人员总数确定。初期预防保健需加以规划，增加 5 个人的面积，以每人 20m²，增加 100m²。科研人员以研究所人员计，每人平均 32m²。在一期建设时可不建，待医院发展到一定规模再行调整。

第五，健康体检中心不包括在每床 83m² 标准之内，在一期建设中，如果当地大型企业多、经济水平高，医院可将体检中心作为重点科室，以体检中心的规模为每日 50 人次，可建 400m²，并将其列入单立项目内。单列项目计划增加面积为 7850m²，其中，一期安排 3650m²。

医院规划设计是一个有机的系统，既要考虑医疗建设，也考虑辅助区建设，同时将生活区建设作为一个部分，特别要考虑专家公寓及员工宿舍。以作为留住人、用好人的一个先决条件。

在 500 床位规划范围内，第一期门急诊及医技系统的建设按规划一次性完成，略有控制。住院部按 500 床位规划，应为 16185m²，一期先建 300 张床位。应减去 200 张的床位面积 6185m²。设计中可根据需要进行适当调整。医院发展到一定规模时，增建的主要是住院部。故一期拟建面积应控制在40000m²左右，不得有大的突破。具体安排见表2—6：

表2—6　　　　　　　　　　500床位的分期安排总表

序号	部门项目分类	面积（m²）	比例（%）	分期面积安排	
				一期	二期
一、规范规定面积分期					
1	急诊部	1245	3	800	445
2	门诊部	6225	15	5000	1225
3	住院部	16185	39	10000	6185
4	医技科室	11205	27	6400	5105
5	保障系统	3320	8	2500	820
6	行政系统	1660	4	1660	—
7	院内生活	1660	4	1660	—
	小计	41500	100	28020	13480
二、单立项目面积分期					
1	体检中心	800		400	400
2	磁共振	310		310	—
3	CT	200		200	—
4	血透室	400		200	200
5	碎石机	120		120	—
6	预防保健	200		—	200
7	专家公寓	1500		1500	—
8	洁净病房	400		200	200
9	高压氧舱	170		170	—
10	教学医院	600		400	200
11	肿瘤中心	3000		—	3000
12	物业中心	150		150	—
	小计	7850		3650	4200
	合计	49350		31670	17680

表2—6中所列项目分为两个部分：一部分是《综合医院建设规范》中明

确的 500 床位医院标准面积 41500m²；一部分为规范所允许的与医院从实际需要所安排的单立项目 10000m²（非确定数字，视医院大型设备的配置情况增加面积）；合计应建面积 49350m²。其中又分一期与二期：一期为 31670m²，二期 17680m²。

上述估算，我们只从医疗区及各辅助功能区需要提出的一个面积计算，没有考虑地下室建设面积，如建地下室，要根据地方政府相关要求执行，并可将部分功能设在地下层，划区建设与一期建筑面积应妥善考虑，要坚持以人为本的理念，以方便管理为重点，并根据医院学科规划、内外科总床位数设置的依据，以知名专科为起点，逐步进行扩展，使医院在品牌的牵引下不断成长。

上述规划设计只作为一个参考。对于大型设备面积，我们应按首期可能采购的设备来计算面积，并有一定的机动。如医院未来可能建设肿瘤治疗中心及制剂室，则要相应增加面积及大型设备的费用预算，并要预留场地。

500 床位规模标准面积的分类安排见表 2-7～表 2-13。

表 2-7　　　　　住院部单元要素面积分配（16185m²）（m²）

要素名称	500 床标准面积	一期	二期
		300 床	拟建面积
公用部分	365	311	54
病房面积	15224	10000	5224
产房	596	596	—
小计	16185	10907	5278

表 2-8　　　　　门诊部单元面积（6215m²）（m²）

要素名称	500 床标准面积	一期	二期
		300 床	拟建面积
公用部分	1664	972	692
内科	383	186	197
外科	451	298	153
妇产科	530	337	193
儿科	619	448	171
五官科	1053	598	455
中医科	360	211	149

续表

要素名称	500 床标准面积	一期	二期
		300 床	拟建面积
皮肤科	300	188	112
康复医学科	368	224	144
肠道门诊	212	186	26
肝炎门诊	162	112	50
麻醉科	113	113	
合计	6215	3873	2342

表 2—9　　　　急诊部单元面积（1245m²）（m²）

要素名称	500 床标准面积	一期	二期
		300 床面积	拟建面积
抢救区			可分成人抢救区、儿童诊疗区、一般处置区
留观区			
输液区			
诊疗区			
辅助区			
办公区			
合计	1245	800	445

表 2—10　　　　医技科室单元面积（11215m²）（m²）

要素名称	500 床标准面积	一期	二期
		300 床面积	拟建面积
药剂科	3048	1700	1348
检验科	1075	550	525
血库	187	120	67
放射科	1784	1000	784
功能检查科	858	300	558
手术部	1589	1100	489

续表

要素名称	500 床标准面积	一期	二期
		300 床面积	拟建面积
病理科	344	200	144
供应室	677	400	277
营养部	1034	700	334
医疗设备科	619	330	289
合计	11215	6400	4815

医技系统一旦形成规模后不宜轻易改动，因此，在规划时，设定的规模要有一定前瞻性，减少今后建设中拆改所带来的损失。在单独立项的面积中对这部分可加可减。

表 2—11　　　　　保障系统单元面积（3320m²）

要素名称	500 床标准面积	一期	二期
		300 床面积	拟建面积
锅炉房	761	550	211
配电室	260	150	110
太平间	137	100	37
洗衣房	498	400	98
总务库房	678	500	178
通讯	138	100	38
设备机房	450	350	100
传达室	44	44	40
室外厕所	47	47	—
总务修理	195	150	45
污水处理站	91	91	—
垃圾处置	21	21	—
合计	3320	2503	817

表 2—12　　　　行政管理用房单元面积（1660m²）（m²）

要素名称	500 床标准面积	一期	二期
		300 床面积	拟建面积
办公用房	1000	1000	—
计算机用房	50	50	—
病案室	110	110	规范无要求
信息中心	100～500	200	设计规范
图书馆	300	300	—
小计	1560～1960	1660	0

表 2—13　　　　院内生活单元面积（1660m²）（m²）

要素名称	500 床标准面积	一期	二期
		300 床面积	拟建面积
职工食堂	900	900	—
浴室	100	100	—
单身宿舍	660	600	员工用房、物业等
小计	1660	1660	—

上述面积中，属于专家及员工用房为 3160m²。一期规划时，在医院周边还要规划相应的超市、宾馆、花店等服务区位置，应单列面积与预算。按照上述诸表 500 床标准面积合计 49350m²，一期（300 床）建设 31680m²，二期拟建 17680m²。

第三节　医用建筑整体规划与建筑单体的划区组合

在医用建筑整体规划中要注重各建筑单体之间功能的逻辑关系，做到区划合理，流线便捷，安全有序、相互连接、相互依托，形成医院完整的功能。

一、整体规划应根据基地的地形实际考虑单体的布局方式

例如为典型的山地丘陵，但由于规划合理，各单体建筑在总体规划中有序展开，保持了自然和谐。

浙江富阳人民医院是一所新建的医院，分为医疗区、科研区与后勤区三部

分。在主入口处医疗建筑后退 90m，形成院前广场，在两侧设机动车停放处，并在其中设计小品及雕塑群，起到美化院区的作用。同时在医疗区与后勤区之间通过人工河的连接，使医院成为一个环境优美、建筑典雅、园林式医院。

二、医用建筑应按功能分区有序展开

综合医院建设项目由急诊部、门诊部、医技科室、保障系统、行政管理、院内生活、科研和教学设施等九个部分组成。其中前七项是综合医院建设的基本内容，这些项目建成后，一所医院就可以投入使用，正常运转，并要求在综合医院的建设项目中，建筑规模必须与所在医院的实际相结合，必须符合管理科学要求和医院自身实际，同时也有助于克服重视医疗业务用房，忽视行政管理和职工生活用房的现象。

按上述要求，按功能划分区域的具体要求如下：

①医疗区：建筑单体排列顺序为门诊部、急诊部、医技系统、住院部、中心供应室等。

②保障区：主要为营养部、采暖锅炉房、配电房、污水处理站、太平间、垃圾处理站、空调机房及设备维修部。

③办公区：主要是机关办公用房、会议室等。信息中心、图书馆、病案室也可与机关办公用房一起考虑。

④生活区：应有专家公寓、职工单身宿舍、员工食堂、招待所。

⑤其他：全院主出入口以三个为宜，一个在中轴线正南方向上，为主出入口，也为门急诊的主要出入口；一个为生活区出入口，并要考虑设置传达室，负责家属区信件的传递与门卫安全。太平间如设置于地下，则要考虑不与人员进出通路重叠，尽量安排专用出口，以消除员工心理恐惧。生活垃圾及医疗垃圾的出入口要独立设置，医疗垃圾的存放地要远离生活垃圾的出入口，有专人管理，存放区域要有独立的空间与感控措施。如垃圾处理站设置于院区周边，应设置边门，并与城市交通道路相连接，按时开放。

⑥教学科研区：综合医院一般均承担一定的教学科研任务。有的为附属医院，有的是教学医院。附属医院的重点学科，承担一定的临床科研任务，并对科研所的研究用房及教学用房都有一定的建筑标准要求，因此，无论担负何种性质的教学或科研任务，在建筑规划中，应将教学与科研用房作为一个主要方面进行规划，如医疗教研室、护理示教室、模具教学室、实验仪器室、图书阅览室等都要预作规划，以促进医院整体建设水平的提高。

三、划区组合应在满足功能要求的前提下进行安排

建筑规模、地形地貌是组织建筑单体组合的依据也是对单体功能组合的限制。一般情况下，以划区方式确定建筑组合的连接。仍以我们曾进行规划过的昆明同仁医院 500 床位的规划与设计为例，该医院基地的地形是不规则的三角地块，出口与主要交通干道并行。因此，在规划时，采用以中轴展开各层次的医用建筑，在门急诊处将建筑以半圆展开，使出口直接面向主要交通干线，既使建筑总体规划有规则展开，使主入口方向与主要交通通路相连接，较好地克服了基地自然状态存在的缺陷。同时，做好一期规划与二期规划的衔接，如手术部的二期发展要求，住院部一期与二期建设的平面布局上的连接方式，都需要妥为安排，既要满足现阶段医院发展的需求，同时也为医院发展打好基础。

（一）医疗区

由三个部分的建筑单体组成。

1. 门（急）诊区域

门（急）诊区域分别为急诊部、门诊楼部、儿童门诊、体检中心、院感控科（即肠道门诊）、药剂科（仓库、摆药中心、门急诊药房、中药房及药局办公用房）等组成。

2. 医技系统

医技系统包括检验科、病理科、血库、放射科、功能检查科、供应室、医疗设备科组成。

3. 住院部

住院部与其他建筑之间通过连廊进行沟通。总面积可根据总床位数、护理单元数、VIP 病房及产房、公用房、手术部、供血室、中心摆药、住院结算中心、信息中心、消防控制中心、易耗品供应中心、大厅及裙楼、医用气体供应中心、学术厅等要素组成。具体面积可根据医院等级要求进行安排，规划时，应在总面积控制的基础上根据具体情况安排具体组合方式。

（二）医疗辅助区的组合

最好为建筑群。主要包括：营养部、采暖锅炉房、供配电中心、设备用房、热水供应中心、设备维修中心、洗衣房、污水处理站、垃圾处理站、太平间、物业管理中心、浴室等。这些特定的功能，在深化设计中，可进行科学的组合调整。能成群的必须成群，能进入地下的可以安排下地，以节省用地，便于管理。

（三）行政办公区及辅助设施

可作为一个建筑单体进行规划。同时可将药局的办公用房及设备科的办公

用房列入行政办公用房范围内进行设计。住院结算中心、信息中心、小商品供应、易耗品供应中心、消防安保监控中心位置应在住院部的适当位置设计。在设计中可根据具体情况进行调整。

（四）生活区

生活区可作为一个建筑群进行设计。主要包括专家公寓、单身宿舍、职工食堂。在进行规划时，必须考虑生活与管理的基础条件要求。当营养部与职工食堂作为一个小的单体进行建设时，可考虑将职工食堂与院接待中心一起作为整体要素进行规划。营养部必须与住院部相邻。停车场与绿化要求，按规划要点安排。规划时，则要按规范做好医疗建筑各区间的距离间隔，以保证有充足的光线，防止大板块对光线的阻隔，增加能源的浪费及后续管理成本的增加。

（五）科研教学区

最好作为一栋建筑单体规划，将教学、科研用房的空间需求集为一体，实现资源共享。新建医院在初始阶段为节省经费的投入，可在办公区域按教学需求预留空间，随医院的成长在时间成熟时与医疗功能区分离，独立成区。

近年来，某些大型综合性医院在规划建设中采取大板块的结构形式，将所有的医用建筑通过连廊组合成一体，这种方法对于交通流线的组织、人员往来的方便，内部的管理控制有一定的优点。但是给节约能源、区域安全管理、维修管理、安全控制都带来一定的不利因素，因此，大板块的结构组合方式，仍有值得商榷的必要。

第四节　医用建筑规划中交通流线的组织

一、平面交通流线组织

医院平面交通流线分为外部平面交通流线与内部平面交通流线。外部交通流线的组织一般有三种形式：①以"医疗街"为基础的"非"字形组织形式；②以"井"字形为基础的组织形式；③以"点"为基础的放射状组织形式。采取何种组织形式应以建筑单体的布局形式而定。如果建筑单体以点式布局，则交通流线以"井"字状为基本形式。这一组织方式以医院外部入口为连接点，以建筑为点，以道路为线，交叉构成医疗区域的平面交通枢纽。在"井"字形的外围，为外部车辆的通道，在其内侧，则为医院内部的人员、车辆、物资通道。如果建筑单体成序贯式布局，则平面交通流线是以"非"字形为基础组织，以医疗街为基础展开平面的交通流线。如果医院建筑成集中式布局形式，则外部交通流线采取放射状组织方式，以不同方向的道路与辅助建筑相连接。无论采取哪种组织形式，都要做好平面流线的区分：一是人员流线与洁物流线，以街或廊连接，为人员进出与物资保障提供条件。二是污物流线，内部交通出口与外界道路连接，以保证医疗垃圾、生活垃圾回收直接外运，防止洁污交叉，太平间的出入口要专门设置。

内部平面交通流线主要是建筑单体内部的流线与外部流线的连接。通过路或廊将单体相互连接成网络或以门（急）诊楼为基准，逐层进行平面连接，形成多层次的交通流线组合。通常情况下，一栋单体建筑的出入口要考虑五个方面的因素：一是人员的动线；二是物资的动线，三是污物的动线；四是生活保障的动线；五是需要相对区隔的动线，如儿科、感染控制科的设置等。外部交通流线要考虑上述五大因素，预留出入口，以保证医疗活动的整体的安全运行。

平面交通流线的组织总体要求：在规划区的大平面上，做好流线的区隔。对急诊、门诊、儿童门诊、感染控制科、医技系统流线要进行明确划分，合理组合，以方便管理。具体规划要符合下述原则：

原则一：方便医疗工作与各项保障的有效进行医疗区、辅助区、工作区、生活区这四区之间要有一定的区隔标识，方便工作与生活，便于医院的日常管理。

医疗区的外围除有主入口外，在太平间所在位置的一侧的围墙上要留有太平间与垃圾站的出入口；如果太平间与污物处理站设置于地下室，则应有电梯通道或专用车道直达地下，以方便污物车与其他车辆进出。

注：此类设计方式应通过对进入通道的划分，明确各区域的走向，以提示就诊者与家属。

原则二：坚持以人为本的服务理念无论内部还是外部的平面交通，道路要平整，坡道要平缓，要预留残疾人通路，同时要设置路标指导向便于识别，有利安全。

上海市疾控中心总体布局中的流线的安排特点是各区域有分有合，自成一体，可收治不同病人，适当隔离，避免交叉感染。疾控中心是接受传染病人的场所，一般情况下收住结核、肝炎、麻风、暴发烈性传染性疾病等病人，部分疾病发生具有一定的不可预见性。该规划从充分发挥医疗设施功能作用考虑，其流程布局有以下特点：①分区处处体现以人为本，保护患者与医务人员的安全，对各类传染性疾病的诊治门诊实行分离，分区挂号、检验、诊治；②流程实行严格的感控流程管理，分区进入、医患分流。同时在总体设计上，要考虑一般疾病的诊治的流程转换，充分发挥卫生设施服务民众的功能，防止疾病诊治"空窗期"医疗设施的浪费。每栋病房楼周边可以进行围合，进行绿化美化；同时也可作为普通病房使用，具有任务转换的灵活性。这一种形式在基地面积较大时，可以采用。但从节省土地的理念考虑，有其局限性。

原则三：确保安全要做好洁污流线的区隔，减少院内感染的几率。各区域流线的组织要求如下：

①医疗区内要做好流线的区分与衔接：区分，主要是指工作人员的流线与就诊人员流线的区别；人的流线与物的流线的区别；洁物流线与污物流线的区别；外部流线与内部流线的区别；车流与人流线的区别，确保各部门、各类人员、各类物资的流线安全顺畅，各行其道。衔接，主要是指住院部与门急诊、医技科室与门急诊的连接；门急诊与医技部门之间的衔接；中心供应室与各相关科室的连接，特别是与手术部的连接。衔接要尽量做到路程短捷，标识清楚，就诊方便，便于医院实施管理。同时要注重医疗区整体环境的规划，注意建设成本的控制。

②辅助区的流线：要注意不占用医疗区的主要位置。辅助区围绕医疗区展开，尽量在其边缘区，围绕中心，但不影响中心的规划，使之成为中心的一个卫星区域。如建有地下室时，辅助区的一些功能可以转入地下。污物的流向应向临近公路的一侧。如果医院的基地面积不大，辅助区在地下时，则在垂直交通的组织上要考虑洁污路径划分，不要影响主要保障通道，设计时要提出明确的要求。

③办公区流线：应方便与外界的联系，同时便于院内工作的组织。其活动不应对医疗区的工作产生负面影响。

④生活区内的流线：要把人员生活与休闲有机结合在一起，注意环境的整体设计，并安排好生活区与外界的联系。生活区大门应靠街区，其通道既要方便家属与工作人员出入医院，同时还要有通道直接进入医疗区。在生活区内要做好园林化规划设计，也要把专家公寓、员工宿舍与员工食堂路径设计好；同时还要注意把行政用房、接待用房与其他区域的路径的衔接规划好，使工作人员有一个舒适的工作与休闲环境。生活区的设计要引入社会化管理，防止医院办社会问题的产生。

二、垂直交通流线的组织

医院垂直交通流线一般分为四个方面：

（一）住院部的垂直交通流线

人的流线与洁物流线通过住院楼梯或与物流传输系统进行组织。污物与病人尸体通过病房消防梯（污物梯）进行传递，并与外界通道相连接。在住院部底层的两端，要留有与外界的通道，并能方便各类污物车进出（在规划时要加以注意）。病床梯设置于大楼的中部（如果一层为两个护理单元时）以 3～4 部电梯为宜，其中一部要为手术部专设。污物梯的设置在两端，每端一部。如供应室设置于住院部一层时，污物梯一端要与供应室相连接。同时要考虑洁净物品向手术部传递的通路。

在垂直交通流线组织方法上要充分利用平面的连廊改造将两楼之间的垂直交通组织起来，达到资源共享的目的。

（二）门（急）诊部的垂直交通流线的组织

急诊部的通道必须专设，内部的通路与门诊及医技科室相邻。路径要最短。垂直交通的组织要与门诊统一考虑。大厅最好设置扶梯，以解决就诊高峰期人员的分流。如不设置扶梯，则每栋建筑的垂直电梯不能少于三部医梯，两部用于人梯，一部用于消防。在急诊与门诊的消防梯附近适当位置设一部污物梯，以方便各类车辆出入。门急诊的走廊宽度适当放宽，但要满足功能空间的面积。在楼与楼相互连接部可作为医疗街进行设计，如花店、超市、商务中心、眼镜店等，其层高及门宽按规范要求设计。

（三）医技系统的垂直交通的组织

医技楼的大厅设置要照顾到影像科、病理科、检验科及其他科室之间的关系，无论在平面流线上还是在垂直交通流线上都要便于人员的进出与候诊。污物可从楼梯的两侧消防梯（兼污物梯）进出，不能与清洁物品的流线相重叠。污物梯设置的位置视医技楼的规模与布局进行安排。当医院医技系统规模不大时，如果在 500 床位以下的医院，则医技系统重点在处理好与其他科室之间的关系衔接。如病理科与手术部之间的路径；影像科与门急诊之间的路径。检验科与门（急）诊之间的路径，无论在垂直交通处理上还是平面交通的连接上能够有效互通。

（四）住院部、门（急）诊、医技系统平面交通与垂直交通互通性组织

当医用建筑群成板块状集中布局时，门（急）诊、医技系统通过裙楼平面连接，达到平面与垂直的互通。

三、建筑单体的外部环境与交通流线的组合

医疗环境既是患者就医治疗的场所，也是工作人员进行诊疗活动的空间。流动是绝对的，静止是相对的。但是从流动的频度上，门急诊的频度大于病房，这是因为每一个就诊患者在门诊过程中，从挂号到完成整个治疗过程，可能在楼与楼之间、上下之间有多个频次（例如挂号、就诊、缴费、检查、医生确诊、缴费、取药，有时还需要再次检查）。而住院病人在医院内活动的频次

相对要少些，但是所需要的医疗环境与流线比门（急）诊病人要求要高。如住院活动场所、家属接待场所，都是在流线规划中要加以考虑的。因此，当规划建筑单体的外部环境与交通流线时，对外部环境要求是：舒适、美化、绿化、人文化。对交通流线的要求是：便捷、顺畅、方便，为医患提供一个和谐、健康的视觉与流畅的通路。

四、关于污物流线的组织

在医用建筑中，为防止交叉感染与环境污染，对于医疗废物处理除按规定程序交由卫生行政管理部门指定的医疗垃圾处理部门进行处理外，在医疗废物运离各医疗场所时，必须沿规定的路径运出，到达集中管理的场所。因此，在各医疗建筑中，必须设置污物通道。一般情况下有污物专用电梯或污物通道。通道的流向：一是手术部与供应室关系；二是供应室与各临床科室洁物补充路径与污物运送路径区分；三是遗体运出住院部的路径与太平间的连接，这是在医用建筑设计规划中要加以综合考虑的重要方面。

外部环境除庭院绿化、美化外，还要注意停车场的设置与人员休息点的设置，以满足陪护人员与休养人员的外部休闲空间的需要。停车场要按当地政府部门相关要求进行设计，景点设计除要注意季节性的要求外，还要吸纳当地的民族文化要素。

交通流线在建筑的单体与单体之间的通路可以通过连廊进行沟通。如单体邻近，则各楼层之间通过连廊连接。垂直交通通过电梯进行沟通。各单体与外部的连通要有专用通道，设置为双开门，要便于管理。

交通流线可以运用多种手段，在物资运输方面，在经费允许的情况下可考虑设置物流传输系统。一些检品及一次性用品可以使用这一运输手段，减少人工成本，节省时间，减少感染的几率。但要考虑成本投入与当地人力成本的比较，在设计上预留出空间。

五、城市交通干线与医院规划布局的影响

医用建筑的规划无论采用何种规划布局方式，都必须尊重自然基础条件，因势利导。在实际规划布局中，对规划布局方式影响较大的是城市交通干线的走向，是影响布局的形式的重要因素，当出现上述情况时布局形式应根据实际情况进行适应性调整：

（一）主干道成东西向贯通

医院理想的位置应位于道路的北侧，医院通过中轴线调整，使建筑单体成梯次的组合配置，这是最理想的一种布局方式。但如果医院的位置在干道的南

侧，当医院的中轴线成南北纵向布局时，而南侧无出口，左右两侧又距两侧交通干线较远时，医院主出入口的选择可有几种方式：①是在政府规划部门的协助下，按照城市交通规划的总体要求，调整医院主入口的方向，在医院南侧另辟道路；②如果不可调整应将主出入口放在北侧，将门急诊的出入口调整为东西两侧边门进入，向北部进行通透式设计，避开冬季的严寒天气对建筑物的影响，确保医护人员与就诊者的舒适性与安全性。

（二）主干道成南北向贯通

医院位置于主干道一侧，医院中轴线成南北向布局，理想的方位上无出入口，需要将主要入口面向道路的一侧或另一端。此类地块的规划在确定中轴线方向后，医院可以按门急诊、医技、住院部的纵向布局进行单体的规划，但是要将门急诊靠近主通道一侧，形成一种偏正式布局。即：门诊、急诊的大门可面向主交通入口，但病房仍采面北向布局；并在正侧面设置医院的出入口，保持医院整体布局的规整性。

（三）医院位置

医院位置在南与东两个方向上均无主要出入口，只有北与西两个方向有出入口，这时规划的中轴线仍以南北向为主轴展开，建筑朝向仍采用坐北朝南，建筑依次在中轴线两侧展开，门（急）诊通过连廊进行连接，江苏仁义医院采用此布局方式达到了理想的效果。

（四）地形不规则，且高差较大

受地形条件的限制，整体规划则应在中轴线确定的前提下，以医疗流线最短捷为原则，进行相关医用建筑单体的布局规划，既要满足医用建筑总体规模的要求，又要使整体布局的安排成为一体。在这种地形上进行规划时，应依山就势，保持建筑与自然的和谐一致，不要刻意为追求平整一致，大开大挖破坏原有的自然生态。

（五）建设规划

建设规划的地形较规整，且交通主干道位于医院主出入口方向，在中轴线确定后，其医疗建筑的布局按坐北朝南依次展开，一次规划到位。

第三章 门（急）诊部与医技系统区域规划

第一节 门（急）诊部的区域规划

医院门（急）诊区域是由众多功能要素合成的建筑单体或建筑群，是患者最集中、流动最频繁的区域，合理的空间布局、科学的功能分区，严格的流程设置，是使之形成完整能力的关键性工作。

一、门（急）诊部建筑单体规划与布局

综合性医院工程建筑中，如果门（急）诊作为建筑单体进行规划，通常情况下，要考虑建筑体量、交通流线、医疗功能分区、公共区域诸因素的系统构成。

（一）关于建筑体量与分区功能一般要求

门（急）诊区域在医院建筑总面积中，占医用建筑总面积 18%。其中：门诊建筑占总面积的 15%，急诊占建筑总面积的 3%。一般情况下，门（急）诊作为建筑单体进行规划，主要出入口位置处于城市交通的主要干道。通常政府规划部门通过规划红线对建筑高度、外部造型主次入口的方向有概略性要求。当城市规划对建筑高度严格限制时，可以进行平铺式设置，如果城市规划不限制建筑高度时，为节省土地，可以"叠加式"方式进行规划，且其内部功能不限于门（急）诊时，可按高层建筑布局的方式进行规划；如果规划以门（急）诊为主时，一般以多层建筑为宜。一个 500 床位的医院，门（急）诊建筑总面积一般为 1.2 万 m^2。建筑层次 4～5 层为宜。各楼层的安排一般规律为：一层门诊公共区域、急诊区、儿童诊区、门诊药房、急诊药房、急诊检验区等；二层外科诊区、门诊手术区、内科诊区、皮肤科诊区、中医科诊区、功能检查科；三层为口腔科诊区、眼科诊区、耳鼻喉科诊区；四层为康复医学科、体检中心、会议中心等。如果医院规模较大，门诊建筑的规模则相应扩大，科室的安排可进一步细化。有的医院将血透中心也纳入门诊建筑规划的范

围内。这些应根据医院建设与发展的需求统一安排。

（二）门（急）诊的交通流线安排

门（急）诊的建筑一般均面向城市的主要交通干线，通常外部的入口有四个：门诊入口、急诊入口、儿科门诊入口、感染控制科入口，如果感染控制科设在院外，则门（急）诊入口不得少于3个。主入口位于建筑正门，其路径也可直达急诊。急诊入口位于交通主要入口的一侧，所有车辆可直达急诊大门，急诊大门可以直接面对入口，也可侧对入口，以方便急救车辆进入为原则。儿科作为一个独立的区域，可以考虑有两种设置方式，一种是儿科作为独立区域其内部挂号、就诊、化验、划价收费、取药能形成"一站式"服务，这是最理想的形式；如果不能，则应与门诊取药、收费建立通道。在门诊内部的流线上，垂直交通可通过电梯、扶梯直接使患者到达目的地，每层通过连廊将不同功能区域连接成一个网络，与医学影像科、病理科、检验科、血库、住院部建立通道，以方便患者。同时要加强感染控制流程的管理，在门诊各个区域的末端建立专用污物通道，所有污物集中管理、集中存放、集中运输、集中处理，确保安全。

（三）门（急）诊医疗功能分区应按医疗流程的关联性进行衔接分区

不应单纯考虑科室面积大小，更要考虑与其他专业相互支持的路径。如外科系统要考虑与门诊手术室的流线连接；妇产科门诊要考虑与计划生育门诊的衔接；眼科要考虑与准分子激光手术室的关系与路径；泌尿外科要考虑碎石机房的距离；消化内科要考虑与腔镜中心的关系；急诊科是一个相对独立的科室，其功能流线，不仅自身要形成完整的体系，还要考虑到与手术室、ICU之间的通路关系。这些问题在门诊区域规划时均要加以规划，以节省人力与成本，使之形成完整的功能分区。

（四）门（急）诊公共区域应展示医院的形象，保持与外界的接触需要

如接待区、导医台、医保办、医患协调办等，均应考虑其位置安排与形象展示。

二、门（急）诊公共区域规划与布局

（一）门诊公共区域规划设计的一般要求

医院门（急）诊公共区域分为：接待区、导医台、医务协调办、门诊挂号及划价收费处、住院处、门诊办公区等。

接待区的功能是对首次来院就诊人员进行相关信息采集、接待特约挂号人员、协调相关工作等。因此，其位置应设于门诊入口处，并预留一定的空间作为医院警务室，用于警务人员办公。接待区最好采用开放式，柜台高度要适

当，以方便医患沟通与信息采集。日门诊量比较大的医院，接待区要稍大些。并配置强电与弱电接口若干，以方便计算机、打印机及电话的安装与使用。在接待区的大厅内，应以厅柱为依托，安装强电与弱电插座，为医院信息查询系统的设置与安装提供条件，以方便患者自助咨询。

导医台用于提供导医咨询、信息收集、资料索取，其位置一般以门诊大厅的正中为宜，如大厅用于商业运营，也可设置于门诊大厅的一侧。柜台高度要适宜，可采用半圆或 L 型设计，并应有放置相关宣传资料的装置，为导医人员展开工作提供条件。

医务协调办是医院进行医患纠纷处理与沟通的场所，应设置于门诊较为隐蔽的区域，在接待空间与办公场所，应配置必要的监控设备、录像录音设备，并与医院监控中心相连接，做好资料的收集保全及工作人员的安全保护。

医保办公室位置要与门诊住院处邻近，主要负责接待医保客户，并向住院患者提供相关医保政策咨询服务的场所。环境要相对安静，应设置电话、网络及各类信息点及相应的电源插座。

住院处一般具有住院登记处、住院收费处、出院结算处的功能，这一区域通常安排在门诊区域或住院部内，医院规模较大时可分别设置。基本流程是：病人确定住院后先在门诊住院登记处办理住院登记、填写相关信息后，再到住院处办理住院手续并缴纳费用，出院时在同一区域办理出院结算手续。住院登记处与出院结算可为独立的空间，可以在医院不同的位置设置，也有的医院将两者的功能放置于一处，但是无论是独立的还是统一的，都应根据其自身的特点与规模进行规划布局，一般的要求是：一半区域为等候区，一半区域为办公区。办公区分为两个部分，前半部空间为开放的，以柜台形式与等候区形成分隔，以方便接待门诊人员与住院患者。分隔可以是透明玻璃窗，在窗上开孔，也可为开放式。按照每 1.2m 设置一个窗口，每个窗口有电话、网络插座各 1 个，电源插座 3 组。办公区后半部分隔成办公室与财务室及金库。办公室按标准设置强电与弱电插座，财务室要加装安全门、内部要设置金库。在进行弱电系统设计时，要进行一体化考虑，便于监控管理。

门诊挂号及划价收费处可采开放式设计。该区域的主要服务对象是门诊患者，设置应充分考虑患者的便捷性与安全性。空间规划可分为外部工作区与内部管理区。外部工作区采用开放式可连续展开多个工位。按柜台长度每 1.2m 左右布一个信息点；每两个信息点之间安装一部电话分机，以方便收费员与药房、门诊医生的联系。每个收费点的上方应设置监控，以确保安全。同时要考虑后台监控、审校的信息点连接。如果医院开展"一卡通"，则应考虑病人就诊时可在医生开单的终端机上或在病区护士站刷卡缴费的需求。每个工位上都应根据弱电系统的要求，配置强电，以满足计算机、打印机、点钞机、电话、刷卡机的使用需求。每个收费点设一组铁柜用于临时存放现金。收费处窗口夜间如无专人看护均应加装防盗门窗。在挂号及划价收费处的外部要有自助查询设施、叫号系统，以方便病人。内部管理区应设置会计室、金库及票据存放仓库及票据查阅场所。金库的墙体要作防盗处理，外部要有防盗门，并与办公室紧邻，为保障银行上门收费时的安全，应设置必要的监控措施，进行数据资料保全。办公区域内应设置相应的更衣室与休息室，并配置必要的设施。

门诊划价收费处的外部装修主要为呼叫系统、标识系统及显示系统，在进行弱电系统与标识设计时要加以整体规划。如果医院的住院登记处与挂号收费处分别设置，则应在空间安排上，考虑信息显示系统的位置，并将强电与弱电布线安装到位。

近年来，随着信息技术的发展，在大型综合性医院中已经形成"一站式"服务的理念。门诊实行分层挂号，收费、化验、取药可在同一区域完成，虽然这种理念的实施需要承担一定的人力资源成本、公共区域建设的投资费用与收费带来的安全保障问题，但他毕竟对患者带来了方便，医院如果采用这种模式，需要在规划设计中一并考虑。当医院规模与业务量较小时，公共区域还是以集中设置为好。

（二）门（急）诊诊区环境设计与配置的通用要求

1. 诊室的面积与设置

诊室面积不宜过大，一般以 8～10m² 为宜，每个医生应有一个独立的诊室，如果以两个医生为一个诊室，面积则应按常规设置。特殊科室，如妇产科门诊，因放置检查设备的需要，诊室空间应从保护病人隐私考虑，适当放大。候诊区宽度应区分一次候诊与二次候诊，一次候诊区应设置在诊区前端，如条件允许，诊区走廊宽度应适当放大，在 4m 以上，作为二次候诊。诊室位置的布局，原则上采用尽端布局方式，如无此条件：外科诊室适当内移，以便于医生对病人的直接观察；内科病人更注重于询问，一般情况下应靠阳面、同时，也要考虑残疾人就诊时的运动路线，并在空间上充分考虑其行动的便捷。

2. 诊室的内部设施配置

按照一人一诊室的要求，每个诊室内应配置一张办公桌、一张检查床。检查床位置应靠内侧墙体，并配备吊帘或隔断，以保护患者的隐私。每个医生办公桌面均设置 1 个网络接口，1 个电话接口；接口的设置要考虑办公桌摆放位置。如一个诊室是两张办公桌，则在办公桌之间加隔断，确保在问诊过程中，医生与患者之间交流的语音不会相互干扰，同时也要注意对患者隐私的保护。医生办公室与主任办公室内均要设置观片灯插座。强电插座应在医生办公桌面以上 10cm 为宜。特殊场所要采用非接触式水龙头；洗手池应尽量设置于靠近窗户的一角，以方便两个诊室之间水池的相邻，便于冷热水管道的铺设。条件允许时，应全院统一供应热水，以便于管理。

3. 诊室装修中对强电与弱电要进行系统规划

设计弱电接口时，同时要考虑强电插座数量需求。除此之外，还要考虑特殊检查设备的需要。设备可以是一个诊室的专用，也可以是几个诊室合用，在初始阶段应做好规划。并要综合考虑等电位接地、应急电源、特殊照明及双电源供电切换等问题。

4. 以楼层为单位设置诊区

需集中设置更衣室，更衣室内必须设置洗手池并有冷热水；宣教室内要设置网络、电视与显示屏接口；实验室要注意排风系统的畅通；资料室应设置电话插座、网络插座，并设置电源插座若干组；治疗室、换药室、处置物品间均应配有紫外线消毒装置；所有房间在吊顶时都要考虑窗帘安装与遮光的处理方法。

5. 护理站的设置与装修

门诊诊室无论是分专病诊区或内外科混合编成为一个诊区时，各区域均应设置护理站（分诊台）。护理站的配置要适应不同科室组合的要求。如果专科分层设置，并采取"一站式"服务模式，则每层的护理站与诊室的联系应有排队叫号系统、公用电话、有线电视、显示屏、信息查询系统，以便于挂号、排队、分诊、叫号、收费。同时，还应在诊区附近设置化验室与药房。VIP 诊区的护理站设计要充分展示人性化与便捷性。语音提示与诊室及候诊室相通。环境相对要封闭。在一些特殊的诊区，更应注重人性化管理需求的安排，如计划生育门诊的护理站安排、产科检查室的安排，要注重舒适性与对隐私的保护。

三、综合内、外科门诊区域的规划与布局

（一）综合内科布局

综合内科一般分为：心内科、呼吸内科、消化内科、肿瘤内科、内分泌科、神经内科、肾内科、血液科、中医科等。每个科室视其门诊量设置诊室；一般来说，新开业的医院，在初始阶段都应有 1～2 个诊室，如门诊量大，可逐步增加开放诊室的范围。同时在内科范围内考虑设置高级专家门诊。门诊诊室的装修及内部设置除通用要求外，还要考虑部分科室的特殊要求。主要是：

1. 心内科门诊流程与布局

心内科门诊如作为一个独立的区域，主要由诊区与功能检查区组成。每个诊室原则上应配置电话、网络接口各 2 个，电源插座 4 组和双地线插座。每个

房间均应设置洗手池，如果设置 VIP 诊室，则应按专家诊室要求设置，以套间为宜。

当心内科的规模较大时，将心电图室、平板运动间、食道调搏室、动态血压室等集中组成功能检查区。每个检查室内，按设备需求及检查操作需求进行平面的规划。心电图室可以大空间，可同时展开 2 台以上心电检查。并把检查与读图、发报告的空间连接成一体，以便于管理。电话、网络插座按需设置；电源插座沿墙面分布，一般不得少于 4 组；每个标准间考虑放置 2 部心电图机；每个房间有氧气、负压装置各 1 组。平板运动间内电源插座不得少于 4 组，并设置氧气及负压装置各 1 组。动态心电图室设电话接口、电源插座，房间要有防盗装置。动态血压室内，插座四组沿四面墙体分布，并应有网络接口。食道调搏室，电话插座一组，电源插座 4 组，氧气装置 1 套。机修室内插座 4 组。在设置电源插座时，要根据机器型号选择德标或国标插头与插座。在设备采购时要在合同上加以明确。

2. 呼吸内科门诊流程与布局

呼吸内科门诊诊区一般分为诊室和纤支镜检查室。诊室布局按通用要求，应有双联观片灯、网络接口 2 个、电话接口 1 个、电源插座及洗手池、清洁池。纤支镜室室内净化按洁净手术室十万级标准设计，应规划有术前准备室、检查室、纤支镜洗手槽、氧气和负压吸引装置，以及心电监护仪架或功能柱。肺功能室需内设柜子、洗手池、电源插座等。

3. 消化内科门诊流程与布局

消化内科是内科系统中比较特殊的科室，除诊室外，主要区域还有腔镜室。腔镜室布局一般分为上消化道检查室与下消化道检查室，布局要考虑两种情况：①医院成立腔镜中心，根据各类腔镜设备配置情况安排操作空间。每个腔镜室内的强弱电要满足设备需求，并配置氧气、压缩空气、负压装置。同时，在邻近腔镜检查室的附近设置清洗消毒间，如果环境许可应将检查间与清洗间连成一体，形成完整的清洁流线，以保证患者及设备的安全。②单一的腔镜室空间设置，在紧邻腔镜室设置清洗消毒室。无论哪种布局方式都要在腔镜室入口外设置等候区。如果为中心布局，则应设置麻醉准备区与苏醒室，以提高工作效率、确保安全。

4. 皮肤科门诊流程与布局

皮肤科的空间规划，在条件允许时，应划出独立区域，充分考虑感染控制的要求与检查设备的摆放空间与病人隐私的保护。诊室按通用要求配置：每个诊室内都要有洗手池、有电话、网络电视接口；实验室、真菌室、病理室要有灭菌装置；微波室、冷冻室要有设备带、灭菌灯。每个房间均沿墙体踢脚线上部按规范布设电源插座每个房间不少于四组。治疗室内除一般要求外，还应配备紫外线装置。处置室内设置的容器应符合感染控制要求。

（二）综合外科诊室布局

综合外科诊室一般分为普外科、胸外科、泌尿外科、神经外科、眼外科、耳鼻喉外科、骨科等。在这些科室当中，每个科室在门诊区域中都有程度不同的特殊要求。如进行骨科诊室的安排时，要使之靠近石膏房。特别是眼科、耳鼻喉科、口腔科，感染控制要求严格，专业技术设备较多，当进行其流程与规划设计时，要从设备、人员、门诊量诸方面作出统一的安排。

（三）门诊手术区布局

门诊手术区应紧邻外科诊区设置，规模的大小，视外科专业需求确定。一般医院的门诊手术室以门诊预约的一般小手术为主，以普通外科手术居多。如果专科特点比较特殊，则应设置与专科需求相一致的门诊手术区、在区域的划分上，应设置一个普通手术区、一个洁净度相对较高的手术区。如在该区设置眼科手术室，就要作为一个单独的手术区进行流程规划。每间手术室内设置要求同普通手术室。附属用房至少应配备手术准备室、刷手处、换床处、护士站、消毒敷料和消毒器械储藏室、清洗室、消毒室（快速灭菌）、污物室、石膏室等。

四、儿科门诊区域的规划与布局

儿科门诊应自成一区，宜设单独出入口。应增设的用房：预检处、候诊处、儿科专用厕所和隔离诊查室，隔离厕所。隔离区应有单独对外出口。宜单独设置的用房：挂号处、药房、注射、检验、输液。候诊处面积每病儿不宜小于 $1.50m^2$。大型综合性医院的儿科门诊的设计与规划，除应遵守上述规范所提出的要求，还要对医院儿科门诊区域流程安排进行整体的规划与布局。通常情况下，儿科门诊区域分为五个部分：儿科门诊候诊区、儿科诊疗区、儿科治疗区、儿科输液区、儿童感染性疾病隔离诊区，同时要从儿童独特的心理需求进行诊区童趣化设置。各区域的流程与设置要求如下：

（一）儿科门诊候诊区

儿科门诊候诊区应包括预诊室、分诊台、候诊区、卫生处理区。预诊室主要用于首诊儿童病情的预诊与信息收集。预诊室内应设置诊桌、诊椅及电脑信息接口；候诊区内应设置分诊台。分诊台应配置电脑信息系统，打印系统、儿童称重装置、分诊叫号系统。如儿科门诊实行"一站式"管理，则应考虑儿科挂号、分诊、收费、刷卡、打印、取药的需要，在空间上增加面积，在流程上进行调整。候诊区主要为患者（家属）等候区，由于儿童患者的特殊性，候诊区面积应适当放大，要按照一个患儿两个家属陪同的空间需求进行安排，防止过分拥挤；卫生处理区，应设男女卫生间及亲子卫生间及保洁人员工具用房。同时还应考虑残疾人卫生间的设置。

在候诊区内或附近区域在可能时应安排一定的空间设置儿童乐园。儿童乐园内地面与墙体应为软质材料，确保儿童运动嬉戏时的安全。同时，在儿童乐园墙体上应设置警示性标志，提醒陪护家属在儿童嬉戏时注意安全。

（二）儿科门诊诊疗区

儿科门诊诊疗区分为普通候诊区、专家候诊区。普通诊疗区又分为内科诊疗区与外科诊疗区。专家诊疗区也应设置独立的分诊台。专家诊区的大小根据病种分类与专家人数多少确定，原则上为一人一诊室，同时要考虑专家带教时学生的诊室位置与患者就诊位置的安排，防止发生冲突。当有小儿外科诊区时，如外科规模不大，可在普通诊区划出一定空间专门设置。其功能与流程要符合感染控制的规范，做到洁污分流。其要素主要包括：诊室、灌肠室、处置区、换药室，并能进行一般小手术；其通道应将污物直接出诊区；并有相应的设施。

（三）儿科门诊治疗区

儿科门诊治疗区主要包括小儿留观室、小儿抢救室、治疗室、处置室、儿科化验室、穿刺室、监护室等。上述各空间的要素配置与一般诊室相同。每个空间内均要设计紫外线消毒装置、医用气体装置。其留观室要紧邻抢救室，穿刺室要介于留观室与抢救室之间。进出的门宽度要适当，以保证抢救人员的进出。

在儿科治疗区设置时，要考虑抢救与留观儿童家长的等候区的安排。通常情况下，应在候诊区的一侧，安排一定的空间，配置一定数量的桌椅与电视，供患者家属等候时休息与交流之用。

（四）儿科门诊输液区

儿科门（急）诊的输液区布局空间要适度放大，功能要齐全。输液区设护理站，护理站的传呼系统与每个椅位相连接；输液空间通过隔断进行区划位置，每个椅位上均要有传呼、氧气、负压系统。空间内按方位安装电视系统。小儿输液区要有完整的流程控制，并要考虑患儿家长的陪同人数多，输液区椅位的空间适当宽大。该区域要形成完整的功能配置。区域内应有独立的皮试室、配液室、处置室、穿刺室，各空间要相对分隔，紧邻输液室展开，并有必要的空气消毒措施，输液空间上，要考虑患儿输液陪同人数一般为一人，因此椅位中间的距离一般不小于1.5m。学龄儿童输液区可配置桌椅，便于儿童学习与作业。有条件时，应在输液区附近应设有亲子卫生间。

（五）儿科感染性疾病隔离诊区

综合性医院儿科的隔离诊区通常情况下有两种处理方式，一种是将儿童隔离诊区与医院感染门诊放在一区进行安排，设置单独的出入口，再一种是将儿童隔离诊区设置于儿科门诊区的末端。采用这一方法时，要注意与普通诊区的空间分隔与医患分流、洁污分流。隔离诊室的基本流程为：医生通道与普通诊区连接，当出现感染性疾病患儿时，医生可直接从普通诊区进入隔离诊室，诊疗结束后从原路更衣后返回；患儿通道从外部进入，通过缓冲进入候诊区，在诊区附近设置卫生间，诊治后通过原路返回，不得与其他就诊儿童接触。如需继续治疗，则直接进入隔离监护室；污物出口要与污物电梯相邻或直接与外部连接，使污物不得对其他环境产生污染，如一定要经过其他区域，其污物要严格密封。

在儿科诊区空间环境的设计上要注意舒适性与童趣化的处理。诊室与候诊区要充分考虑患儿的陪同人数多，诊疗、输液空间每个椅位能容纳儿童和1～2名家长；环境设计上注重视觉空间的童趣化，通过色彩的配置，游戏工具的设置，卡通壁画的渲染，为患儿提供一个具有心理抚慰的色彩空间；同时也要注意设施与设备的安全性与牢固性，防止儿童运动过程中发生事故，除场所有必要的提示外，必须保证设施的稳定与必要的保护性措施。

五、眼科门诊区域的规划与布局

眼科门诊区域的规划与布局主要应从两个方面考虑：一是眼科的规模，二是设备的配置。在此基础上要根据患者诊查的流程进行空间的布局。设备的安装位置要根据患者诊疗检查的流程布局，诊室之间要互通，保证患者以最短的路径到达检查位置。

眼科门诊区域包括：普通诊区、专家诊区、荧光室、A/B超室、视野室、电生理检查室、激光治疗仪室、技术室、同视机房、共焦激光神经纤维仪、断层扫描仪、屈光检查室、治疗室、暗室、验光室、近视眼检查室、近视眼诊室、手术室、麻醉准备间、术前准备间、示教室、资料室。其布局应视护理站的位置进行安排，一般诊室临近护理站，专家诊室必须有一个相对隐蔽的空间，检查室在诊室的周边，并以检查的频次依次排放。

如果眼科门诊不作为独立诊区而与其他诊区共处于一个平面时，也必须划分明确的界限。诊区内部的患者流程要便捷，检查室之间能够互通，便于患者在不同区域检查时能以最短时间到达。相同的设备，以采用大空间布局为宜。专业检查设备必须根据体积大小、功能及检查的频度确定空间大小，一般 8m² 足以满足设备、医务人员及患者检查时的空间需要，避免盲目追求豪华而在空间处理上不适当的浪费。如果条件允许应将配镜中心与眼科放在同一层面上，如独立设置配镜中心，则应合理布局，以方便患者为原则。

（一）诊室及各辅助区域

诊区分诊台的设置按公共区域护理站配置要求布局，具有挂号、分诊、收费功能。

诊室与辅助区域的布局应系统配置，必须考虑设备的供电需求与设备接地要求。凡有人员活动的场所，均设洗手池，并有冷水与热水、医用气体及其他必备设施。电生理室要有屏蔽。

诊室强电插座应沿墙体周边进行布线，每个检查室不少于 4 组；诊室 2 组；暗室 6 组。眼功能检查室、生理学检查室、视力初查区的强电每个房间按每 $2m^2$ 装一组插座。每个门诊室配一个裂隙灯，每个裂隙灯处装一组电源插座。各检查室及主任办公室、医生办公室、资料室、示教室等各空间均设置网络接口。示教室、医生办公室、主任办公室、各候诊厅，凡有条件的均设置有线电视接口，以方便教学与宣教。主任办公室、医生办公室、服务台、近视眼门诊室应安装电话接口。

眼科设备众多，每种不同的设备都有接地要求。为保证设备接地的稳定性与安全性，在建筑施工前，对强电、弱电配置的线路走向，相关的设备的接地要求，按规范做好等电位接地的设计与施工，电生理室要预留空间，做好屏蔽设施施工的各项准备，以保证设备到场后能及时投入安装使用。

（二）眼科手术室

准分子激光室，按手术部的相关标准进行装修配置。如果准分子激光室作为一个独立的区域设计时，在流程上一般设置家属等候与术前准备区、术后恢复处理区。

1. 家属等候区

设置于手术区外，椅位按患者与椅位数 1：1.5 设置为宜；候诊病人要分次进入，分为一次候诊区与二次候诊。在一次候诊与二次候诊区之间的通道上要设置换鞋、更衣室，患者换鞋、更衣后进入手术准备区。术前准备间要有洗眼室与休息间，病人分批次进入，在一个特定区域内等待，做好手术前的相关准备。

2. 术后恢复处理区

术后恢复处理区应设于手术区内部边缘，便于医护人员观察。病人术后应接受观察，待手术稳定后再让病人离开，以保证病人的安全与舒适。如眼科手术室与门诊手术室在一起时，则应对眼科手术室与其他普通手术室之间要作明确的区分，以确保眼科手术室的洁净要求。普通门诊手术与眼科手术人员的进出路径不可交叉。

六、口腔科门诊区域的规划与布局

口腔科的患者诊疗主要集中于门诊。口腔科的规划应按照门诊量的大小确定椅位规模，在布局上应着眼长远发展预留空间。口腔科的规划布局的基本要素有：等候区、治疗区、清洗消毒室、X线室、辅助区等。

（一）等候区

等候区应设置相应的分诊台、叫号系统、电视系统、电话系统，候诊椅位面对护士站放置，便于分诊叫号。同时要具有挂号、收费、打印功能。

（二）治疗区

治疗区包括：口内诊室、口外诊室、口腔修复诊室、正畸室、模型室、技工室、铸造室和烤瓷室、口腔科手术室、特诊室、资料室、主任办公室与医生办公室等。

1. 一般治疗区

口内诊室、口外诊室、口腔修复室和正畸室作为一般治疗区，采取开放式布局。以每个椅位为一个治疗单元。在椅位的下部必须安装四条管道：①进水管道；②出水管道；③电路系统；④气路系统。椅位间隔 2000mm，椅位地箱与墙间隔 550mm。配电源插座一组（三插和两插，220V）。并在设备上安装医用设备漏电保护装置。每个椅位之间设立隔挡、诊疗台、冷热水洗手池；上下水路、电路；网络接口与口腔科局域网接口、呼叫系统。每个椅位要设计有中心供氧及压缩空气接口。椅子摆放朝向外窗，以便于医生对患者的观察。不同型号或品牌的治疗椅进水部位不一致，因此应先确定设备型号，再确定椅位的摆放位置。操作方向上，医生在病人的右侧。每个椅位空间内均按感控要求安装电子灭菌系统。在每个独立的空间内均应设双极漏电开关，控制整个诊室电源。

2. 模型室设计

要根据平面布局及功能要求进行设计，在模型室一侧的墙体上要安装有双头煤气灶以满足进行模型加工时加热的需要；在其他墙面上，每侧都应安装三相插座各 3 组和两相（220V）插座各 1 组。

3. 技工室设计

安装集中吸尘排出系统并与技工桌相连。技工桌要靠窗放置，每张桌边墙上要预留压力气管（直径同地箱气管）、吸尘管和电源插座（三插和两插，220V），管间间隔 100mm。技工室的功能只能进行小规模修理。材料室内有电源插座 3 组，网各接口 1 组。室内照明、湿度、温度应符合标准。技工室内的水池、石膏台及修复存放柜应根据室内面积大小制作。水池要有两层下水设置，第一层下水池的高度在 10cm 左右，对使用过的石膏水进行沉淀处理；第二层为直接下水，一般情况下用上水道，清洗时放开下水道。

4. 铸造室和烤瓷室设计

每室在墙体的一侧装 380V 三相四线制插座各 1 组；在两室间隔墙边预留高压气管（同地箱气管）。由于两室的设备发热量较大，空调制冷系统的设计应满足设备运行的环境要求。铸造室必须安装烟雾、粉尘、有害气体的抽排系统，对铸造过程中的粉尘进行二次排放。每室各设洗手池一个，室内水池应做成两个相连的，一般要求宽 600mm，长 600mm，深 500mm。水池下水管道直径不小于 700mm。在两个水池间隔下方距池底 200mm 处放置一个直径 60mm 的通水管与水池下方沉淀池相通，以便于粉尘收集。

5. 手术室及准备间设计

口腔科手术室，应按一般手术室的要求设计，并备有外科手术准备间、拔牙器械柜、电子灭菌灯等。手术床上方安置手术灯，墙上安三相插和两相插座（220V）各一个。每张椅位配气路、上下水路、电路；配一个电源插座（三插和两插，220V）。有中心供氧、负压吸引。两室之间的门可两面开。室内照明、湿度、温度、新风、空调等按标准设置，安装空气调节置换系统。各种设备均应采用医用漏电保护装置。

6. 特诊治疗区

主要用于接待 VIP 患者，分为贵宾候诊室、专家诊室与治疗室，最好设计成两套间或三套间。并与一般诊区的辅助用房相连接。在环境设计上既要简洁典雅，也要方便来宾候诊。墙体最好采用透明装饰，配玻璃门。并按感控要求配置冷热水洗手池；贵宾候诊室内设电话和呼叫系统、配闭路电视及音响。门边配双极漏电开关，治疗椅位的设置按规范配置，并配置治疗台。强电与弱电的配置按诊室规范要求设计。有中心供氧与负压吸引装置。设备应采用医用漏电保护装置。

7. 资料室设计

要设置呼叫系统。室内空调、新风、照明、湿度、温度应符合相关的规范要求。门边配双极漏电开关，控制整个资料室电源。并安装两个 380V 三相四线插座。

8. 主任与医生办公室设计

主任办公室要有电话、网络、打印机接口，并要有观片灯插座。为保证各类设备的正常使用，应在除办公桌位置外的三边墙体上预留强电插座（220V）每边各两个。医生办公室原则上采大开间设计，除电话、网络、打印机接口外，应设呼叫系统；如没有专设的更衣室，应在办公室适当位置安装衣橱。办公室内应设洗手池。

（三）清洗消毒区

口腔科一般的物品消毒由中心供应室完成，特殊的操作器械等，在口腔消毒室完成。消毒室分为三个空间进行设置：一间为清洗间，一间为消毒间，一间为无菌间。在流程上要按清洗间、消毒间、无菌间的顺序过渡。

清洗间要设置三个水池，按清洗池、浸泡桶、冲洗池顺序排列。在清洗池边设一负压装置，用于对有腔器械的冲洗。并设一个医疗垃圾收集处。在其墙壁上要有两组插座。清洗室内装一个双头煤气灶，水池宽 600mm，长 600mm，深 500mm。一个 380V 三相四线制插头，用于测试相应小器械的动能。

消毒间内设备发热量大，且均为精密仪器，空调系统的设计应保持一定的恒温，同时室内应设置两个 380V 的三相四线制插座以满足设备的正常运行。消毒间应安装电子灭菌系统、相应的洗手池，并配有小型配电箱。分别用于清洗机、消毒机、打包机、冰箱等。

无菌间要有良好的通风条件，环境要整洁，要有摆放物品的架或柜，要有专门的插座，以便于空气消毒机的使用。

清洗消毒区的三个空间均要相对独立，装修时要注意装修材料的质地。

（四）口腔科的 X 光机室

口腔科 X 光机室一般要求在 15m²，装修要进行防辐射处理，墙体用实心砖，外涂钡粉。平面上划分为两个空间，一为机房，一为操作间。

机器安装要根据操作要求，进行空间的合理安排，全景机与牙片机可安装于同一机房，控制室分别控制。牙片机支架的安装要由设备供应商提出安装技术要求，确认设计方案后再组织施工。在设备采购时，要确认应配置电缆线的长度走向与型号，防止厂家提供电缆过短，影响安装与操作及机房的美观。在施工前，对控制室内的控制线的长度要事前确定，并预留管道，以方便日后管理与控制。

（五）口腔科辅助设施

1. 水系统

口腔科的用水一为机械用水，二为病人漱口用水。机械用水与病人用水同为净水。设计时在椅位的下部水要预留管道，既要有上水管道，也必须有下水。为确保病人治疗安全，中心供水必须将自来水过滤消毒处理后送达机械使用，以保证机械正常运转与治疗安全。在进行口腔科的整体规划时，对净水设备要预留一定的空间，一般需 10m²，以保证设备的安装。供水设备的管道不可使用镀锌管，应采用 PPR 管一类的不生锈、不变质的材料。下水系统必须汇入全院污水排放系统，不能存有死角，防止污染。供水系统要设置远程控制开关，以及时关闭，节省用水。如果医院有血透室或供应室，可将其供水系统与口腔供水连为一体。水压应满足机器要求，如压力不足，要有增压措施。诊室内的洗手装置要按照感染控制要求，可配脚踩式冷热水洗手池或自动洗手装置。在诊疗台附近设置的洗手池要有冷热水供应。

2. 医用气体系统

主要涉及氧气与真空吸引系统。氧气系统应与全院系统相连接，由医院的氧气站供应。负压站应在口腔科附近安装真空吸引系统，最好设在地下，以防止噪声对周边医疗环境的干扰。真空吸引系统的气量要根据机器的台数及台压力大小确定，通常情况下可采用"一拖二"或"一拖四"的比例，具体应视经费和需求而定。

3. 强电系统

在设计口腔科强电系统时，在开放式的空间内，如以椅位为单元，每个椅位下部要有电源插座一组，供椅位动力装置使用。同时，在口腔科诊疗室的大空间内，除照明外，如确定采用紫外线消毒，则应进行消毒灯设计与布线。

4. 弱电系统

门诊分诊台、口腔内、外科诊室、主任办公室、医生办公室及治疗室内应配置网络插座，建立口腔科局域网插座，配电话和呼叫系统。

七、耳鼻喉科门诊区域的规划与布局

耳鼻喉科是一个技术性与综合性很强的科室，必须从长远发展规划门诊诊区及其相应配套设施的布局。如果该科为重点学科，且规模较大时，诊室应分别设置鼻科、耳科、喉科、头颈外科及一定规模的测听室。当规模相对较小时，则进行综合性安排。下面将该科作大型综合性的重点学科，对设备配置及装修的要求进行重点研讨。

（一）鼻科

1. 诊室

可根据具体情况确定，一般情况下每个诊室可容纳两名医生。每个诊室内一个工作台（工作台可为单人位或双人位，采购时可根据医生的工作习惯及诊疗需要进行选择）。

2. 内窥镜室

每间内窥镜一台置于桌上或置于小车上，诊疗床一张，负压吸引装置一套，写字台一张。每个房间设置消毒器。

3. 鼻内窥镜检查间

系统检查装置一套（内窥镜、冷光源、显示器、录像、打印设备等）。氧气、负压吸引装置一套。

4. 鼻科设备不得靠窗放置

所有强电插座沿墙体两侧每 1.5m 范围内设两组插座。插座要满足通用装备的要求。

当鼻科与喉科的工作量较大时，应在该科室的适当位置增设清洗消毒室，以满足临床感染控制要求与任务量的增长。如工作量一般，可由中心供应室负责其导管的消毒清洗。

（二）耳科

诊室的多少视科室规模而定。每个诊室内设一个检查台。同时按普通诊室的要求设置强电、弱电系统，如电话、网络、打印机接口等，并设置必要的电源插座。诊区听力中心要分别设置：声场测听室、电反应室、前庭功能室、纯音测听室等。

1. 电反应测听室

电反应室主要用于脑干、耳蜗诱发电位、电测听、阻抗检查等。

空间要求，长不得小于 3.55m，宽不小于 2.66m，高不低于 2.8m。顶部有消声通道、接地芯连接点与电源滤波器出连接点。要求：周边要做屏蔽、隔音与消音处理，同时要设置通风系统、网络系统、多功能插座，以及洗手池、电话、对讲、稳压系统、消毒装置。测听操作间可设于外部，可独立可与其他空间合用。

2. 声场测听室

建筑空间平面以 8～10m² 为宜。建筑空间的周边和上下楼层，不得设置高电流、高磁场、高噪声设备；测听室与走廊之间的玻璃要求防电流、磁场、噪声；全屏蔽（按屏蔽专业要求）；单独空调（静音）；网络接口 2 个；多功能插座 6 组；有稳压电源；通风要良好。电测听检查室分内外两个区间。内区为患者检查区，外间为工作人员操作区。当患者就位后，工作人员通过视窗观察并通过语音向患者发出指令，保证检查的进行。

3. 前庭室

房间的大小以 15m² 为宜，平面分割成两小间，大间约占 2/3，小间占 1/3。大间为患者检查室，做电、磁、光的屏蔽处理。通风要良好；并有网络多功能插座；有洗手池、电话对讲系统、空气消毒装置、氧气与负压吸引系统等。

4. 纯音测听室

纯音测听室的空间正面宽不得小于 2.1m，侧面宽不得小于 1.5m，高度不得低于 2.7m，在其顶部要有消音风道的空间，并有送、排风及暖通通道。同时要做好纯音室的隔声处理。

5. 操作间

上述各测听室，如果在独立设置时可将操作间置于测听室的外部，按相关要求设计水池、通风、网络、多功能插座、消毒、氧气、吸引、暗插座盒（地下）、排风、对讲等功能。如在大空间设置工作间时，则要考虑设置隔声门，将四个空间对外的声音隔断，同时增加电源总控开关，并在各室门前分别设置操作台，具体设计方式根据各医院科室的情况确定。但大空间要有足够的面积，以供操作人员交流操作方便与测听安全。

6. 测听室的施工要求

在确定测听室的规模后，应做好测听室平面布局的安排及设计，合理分割空间，并预先留置安装场地，保证安装工作的进行。在施工上，墙体结构要满足各测听室安装时的要求，做好连接基础；顶部要做好新风、空调各出入口的安装及机型的选择，防止噪声太大，影响测听质量；要控制好监控前室与内部测听室的高差并安装好强弱电线路，确保施工质量。

各测听室及操作间施工前，对设施与设备本身的外部环境要求，要有明确的界定。要提供先期的条件，如空调系统的静音要求，设备的安装条件与空间。并了解该设备内部的结构，以为施工及后期维护做好准备。

（三）头颈外科

①治疗室、处置室为全科共用。治疗室内有治疗台、药品柜、洗手池，在治疗台上有电源插座。药品柜旁有电源插座一组，在治疗台上侧应安装空气消毒装置。并有一放置冰箱的位置。

②处置室设两个浸泡池，一个洗手池。在靠墙的一侧设置地柜与吊柜。

③消毒间地面要有密封式下水道，周围墙边每隔 1.5m 一组电源。如果器械包由科室进行处理，则在消毒间设置清洗池、电蒸消毒、高压消毒、烘干系统。同时要安装网络、电话、对讲系统。

（四）喉科

喉科诊室装修与其他诊室同。动态喉镜检查室室内要有水池，设置地柜一组。沿墙周边每隔 1.5m 设插座一组。设医生办公桌一组。语音频谱分析仪室室内要有水池，设置地柜一组。沿墙周边每隔 1.5m 设插座一组。设医生办公桌一组。当喉科作为一个独立科室时，应有教学诊室。设网络、电话、对讲、多功能插座、闭路电视并留电子教学屏幕接口，室内要有洗手池。

（五）注意事项

耳鼻喉科门诊的装修中应注意的问题：①电路设计要考虑到科室设备的特点，插座要多选，以适应不同设备的插座标准。②注意空间透光度，一般情况下内部隔墙可选用内夹百叶的双层中空玻璃，这种材料的遮光力较强，也便于清洗与养护。如果该诊区为耳鼻喉科门诊专用诊区，则应在该区设置护理站，并统一布线，能够进行专科挂号、分诊、预约、收费。每个诊室均能与全院联网，以便对患者的各类检查报告进行查阅与检索。分诊台能够通过传呼与显示屏，对病人进行实时分诊。传呼系统与各诊室相通，在分诊台设网络接口、电话插座、电源插座，以保证计算机、打印机及传呼系统的工作与运行。每个诊室均有网络、电话接口，每个诊室里医生办公桌面一侧的墙体上都应设观片灯。诊区里应统一设置更衣室，可以一层楼面的医护人员共用，也可分区设置。同时要注意诊区安全管理，在无人值班时，诊区能够进行封闭，以确保安全。

八、妇产科门诊区域的规划与布局

妇产科门诊是妇科与产科的综合体。在规划中要考虑三方面需求：①一般诊室需求，要根据门诊量及医生可能编制人数配置诊室的间数；②要考虑检查设备的布局与诊室如何结合；③要考虑计划生育门诊诊区与手术区的设置。该区域的空间要素通常包括：诊室、胎心监护室、阴道镜室、B超室、宫腔镜室、产科宣教室、护理站、治疗室、处置室、计划生育室、妇产科门诊手术室。在布局设置上除要遵循一般诊室的规范外，要将诊区与计划生育诊区分开设置，特别是流程上既要注意感染控制符合规范要求，又要保护患者隐私。各要素的布局与装修要求：

（一）妇产科诊室

妇产科的诊疗空间具有私密性，在平面布局的设计中应注意空间的隐蔽性。门诊诊区内宜采用不多于2个诊室合用1个妇科检查室的组合方式，最好1个诊室设1个检查室。在独立的空间中，要按照妇科检查时的特殊性进行必要的分隔，如果诊室是条状的，可进行内外分隔处理，外侧为诊室，内侧为检查室。如果门诊的诊室较多，妇产科的诊室可以用三个房间的面积做成两个诊室，中间的房间一分为二，分别作为两旁诊室的检查室。每个诊室内设置电源插座2组、电话插座1个、网络插座1个，墙面上设置双联观片灯1组。检查室内设置妇科检查床1张，双人洗手池1个，并有冷热水。检查室墙体周边每间隔1.2m的距离，设置电源插座两组。并在检查床位置的顶部设置拉杆吊灯，以便于妇科检查时操作。如果诊室面积小时，必须设置共用的检查室，确保患者的隐私得到保护。

在设计妇产科诊室时，如果面积许可，并有市场需求时，则应在门诊区域设置 VIP 诊区，以接待有特需的患者，满足不同层次就诊者的需求。

（二）胎心监护室

设置水池 1 个，在其墙面的规定部位设置电源插座 2 组。并在监护室内设置吸引与吸氧装置各 1 套。在医生办公桌面设置电话、网络接口各 1 个；电源插座 1 组。

（三）阴道镜室

阴道镜室平面布局要充分考虑设备与检查床的摆放位置，同时对于水电配置要从实际需要考虑，在对称墙面各设置两组电源插座；洗手池 1 个；在医生办公桌面设置电话、网络接口各 1 个，电源插座 1 组。

（四）B 超室

在检查床的一侧摆放设备，并按照设备的配电要求设置电源插座两组，在医生办公桌面设置电话、网络接口各 1 个，电源插座 1 组。室内设洗手池 1 个。

（五）宫腔镜室

宫腔镜室设检查室与准备间。在检查室设备的周边均匀设置电源插座；在医生办公桌面设置电话、网络接口各 1 个，电源插座 1 组。在宫腔镜准备间内设双人洗手池 1 个，电源插座 2 组。

（六）产科宣教室

宣教室的大小，要视总体面积的安排，一般要求，要便于组织宣传与教学工作的开展，内部要设置网络、电话、电视与显示屏接口；并在四面分别设置电源插座各两组。在讲台的地面，要设置地插若干组。

（七）妇产科门诊候诊区

护士站要有传呼装置并与医生办公室连接。妇科候诊区护士站要设一护士办公室。

（八）计划生育室门诊及手术区

这一空间内可分为诊室（门诊应靠近计生手术室）、护理站、计划生育咨询室、医师室、主任室、麻醉办公室、药流手术室（净面积约 20m²）。隔离手术室及术后恢复室，在其附近要有治疗室 8m² 左右，处置室 6m² 左右。护理站担负分诊与护理的任务，同时要有配套的库房。

1. 计划生育门诊区

主要分为诊室、计划生育咨询室、医师室、主任室、麻醉办公室，其内部配置与一般诊室相同。护理站的规模根据空间大小设置，设有分诊台、更衣室、治疗室、处置室与污洗间。咨询室内要有相应的电视显示屏，空间适当宽大。麻醉办公室在手术区内，以2人以上办公区域为宜。应设置有更衣室与医生办公室；每个医护人员办公的空间均应有洗手池。

2. 计划生育手术区

手术区分为人流室、药流室、手术室。人流室与药流室的净面积各以20m²为宜，可放置两张手术床。在其附近设置更衣室、冲洗室、休息室；冲洗间应两面开门。药流室要有相应手术器械配置及冲洗间、更衣间（手术者用）、人流专用厕所。每个手术间设置刷手池。手术室面积在20m²左右。手术室附近应设置治疗室及术后恢复室。恢复室床位根据手术量多少设定，一般在2～4张。

计划生育门诊及手术室功能布局安排中应注意的问题：一是洁污分流。二是医患分流。所有洁净物品通过洁梯或洁车送到洁净物品储备间；所有污物通过污物走廊收集后进入污物电梯，一般垃圾送医院垃圾站，医疗垃圾专门回收销毁。所有患者经缓冲间、冲洗间、手术室、休息室路径进入；所有医护人员按照缓冲间、洗浴更衣间、洗手间、手术间的路径进入。同时应将洗手池、一次性物品存放间设置于清洁区，确保安全。

计划生育手术室应按污染手术室装修，做到新风充足，并有必要的空气消毒装置。空气洁净度按30万级标准，在条件允许时要在计划生育区内设置一个感染手术室，感染手术室的门要独立出入，以对有传染性疾病的患者进行手术时用。一般手术室的墙体可用铝塑板或瓷砖贴面，以便于清洗，洗手槽双人位并设电动开关，休息室，手术室要有氧气、负压、吸引装置。手术室设密封式地漏。所有手术室内不准用窗帘。色彩要淡雅柔和。手术灯可移动。氧气、吸引在头部。不锈钢器械柜在手术部的一侧墙面嵌入，有器械柜与药品柜。

九、急诊部区域的规划与布局

急诊部是医用建筑中使用频度最高的区域。急诊部的面积应在医用建筑总面积中占3%。规划中主要应考虑：外部流线与公共交通路线的衔接，要方便急诊病人的直接到达；内部的流线上要便于与影像科及相关医技诊室的联系，与门诊及临床科室相的衔接。急诊单元流程以入口为起始点，空间要素主要包括：急诊入口与大厅、抢救区、留观区、输液区、诊疗区与辅助。如果医院不专设儿科急诊科时，则应在急诊区安排相对隔离的区域作为儿童输液区与儿科急诊区。环境设计要确保医护人员的安全，对那些不能自控的人能进行隔离处理，为工作人员与就诊患者创造一个良好、安全的就诊环境。各区域的流程布局与设置的要求如下：

（一）急诊入口

急诊入口是抢救危重病人的起点，入口道路的坡道要平缓，地面要平整，与外界连接的大门要宽敞，除救护车辆可进入外，还要区分人行道及残疾人通路。在急诊部大厅与外界交接处，要设一缓冲地带，便于冬夏季节的防寒防热。急诊外部的标识指向要清楚，便于病人及社会车辆直接到达目的地。有条件的单位，其外部场地，要适当宽大，能够容纳两台救护车以上。

（二）急诊大厅

急诊大厅的设置与医院规模及任务应相一致。大型医院的急诊救护车辆可直接进入急诊大厅，也便于残疾人进出，在大厅内要设置急诊病人候诊处、挂号分诊台、收费处、急诊药房、警卫台；同时要有轮椅、平板救护车的存放点。在病人到达时，能及时分诊与处置。一般医院急诊大厅相对可小些，防止因面积过大增加基建投入浪费资源。诊室的多少视医院规模而定。同时，要注意急诊药房夜间值班室的设置，如果医院位置远离生活区，则应在急诊部附近安排夜间值班房。

（三）抢救区

抢救区是采用敞开式大开间设计展开床位，还是相对封闭的空间要视具体情况而定。如果门厅进入后即为抢救区，理论上对于及时展开抢救是有帮助的，但是如果与外界不加分隔，则在抢救过程中家属及其他人员的围观，会影响抢救工作的进行。如果急诊部区域面积足够大时，应加大急救区的纵深，并对该区域加以适度封闭，更有利于急诊抢救的实施。区域内的流程分为三个部分安排：

1. 冲洗区与洗胃室

冲洗区的地面下水要预留，防止堵塞。在设置洗胃室时，要考虑到冲洗的下水处理与温水的使用。洗胃池上部分设热水系统，地面有开水冷却装置，以方便使用。

2. 监护室

设置抢救床与设备带（电源插座、传呼装置、氧气、负压吸引），有双位清洗池。在监护区内应预留功能柱的位置及空调新风系统。急诊区设抢救床位不宜过多，应视急诊量大小与病区的大小而设，危重病人应及时转入 ICU。

3. 急诊手术区

主要由清创室、治疗室、处置室及夜间急诊 B 超室、化验室、心电图室组成。急诊手术室要紧邻抢救室。急诊手术室主要用于开放性损伤急救病人与特殊情况下的病人抢救手术及一般开放性损伤的清创缝合。手术室的间数，视医院规模与急诊人次确定。如果手术室间数较多时，则要在手术室周边设置更衣室、洗手池、处置室、治疗室（可共用），但每个抢救手术室都必须设无影灯、仪器台、设备带（一个床位段）、周围墙面踢脚线以上各设两组电源插座，并留网络、电话接口。室内内设处置柜，在处置柜的两侧各设洗手池。注射室内设药品柜、洗手池，电源插座等。

（四）急诊留观区

急诊留观区的床位一般要求是按全院床位的 2% 设置。每个床位段设置设备带，在其上设传呼装置、电源插座、氧气、负压接口。新建医院在初始阶段留观的床位不得少于四张，并与护士站紧邻，如果留观区床位较多，必须独立管理时，则应按护理单元的要求进行平面的规划与流程设置，要单独设置护士站与治疗室、处置室。此设置方式需整体分析，防止人力资源成本过高与占用资源过多问题。

（五）急诊输液区

一般输液区为大空间设置，可采开放式布置，也可采分隔式布置，从管理上说，以分隔式为好。VIP 输液区可采单室输液室或双人间设置，单间数量根据建筑面积及目标客户多少的需求确定。普通输液区设计时，对平面流程要进行整体的规划，当输液椅较多、输液间较大时，在该区要设置护士站，把皮试、接药、配液及与输液室的连接进行统一安排。通常有两种方式：一种是输液大厅设置在急诊护理站周边，在护理站内设置设配液间及药品库、大输液间等；另一种是专为输液区设置配液区及药品柜，使配液、输液在同一区域内完成，同时要有处置室。在配液室的墙体周边设置电源插座。在输液区每个椅位上设传呼装置。

（六）急诊诊疗区

应设置内科诊室、外科诊室、机动诊室。诊室设置的个数视急诊量确定，每个诊室可以一人一室也可两人一室，视建筑面积而定。诊桌上设强电插座三组，弱电插座一个，每个医生的工位上要有观片灯。在诊疗区如果在条件允许时，则应设置功能检查区，在医院建设的初始阶段可不专设。急诊诊区应设置清创室、治疗室、处置室。为节省用房面积，一般情况下治疗室应置于诊区的一侧可与抢救室合用。

急诊诊疗区如设置生化检验室、功能检查室、X 光机室，各空间布局要求如下：

1. 生化检验室

净面积在 $10m^2$ 左右，并在沿墙体周边布置电源插座，保证化验设备的运行动力即可。

2.功能检查室

空间可稍大些，可以独立也可相连。一般有心电图室、B超及其他检查设备。在初期规划时要考虑到先期与后期的衔接。每个房间要有洗手池，每台机器摆放的位置设强电插座4组，在医生办公室一侧的踢脚线设网络、电话接口各1个，电源插座3组。

3.X光机室

预留大功率电源，空间要作防护处理，并根据机型要求进行机房与操作室的设计安装施工。

一般来说，新建医院，在经营初始阶段这些空间可预留，待医院发展到一定阶段后再正式配置设备才可使用，以此省初始投资。

（七）护理站

急诊部护理站主要为输液区服务，同时要兼顾到外科诊室及注射室。除必要的计算机、电话系统外，在护理站的附近要设置治疗室与处置室。室内要安装紫外线，或用空气处理机消毒。治疗室内灯光要按照规范要求设计，保证外科医生进行创伤处理时的照度需要。

（八）急诊儿童诊区

在急诊科设置儿科诊室时，要按照国家相关规范规划流程与布局。诊区独立设置，并有专用通道。这一区域中要按常规设诊室、治疗室、处置室。儿童输液室必须与成人输液区分隔。分诊可由急诊科护士兼任。诊区新风设计要满足规范要求，输液、留观室内的空气要进行净化消毒处理。一般情况下，可预设紫外线消毒灯。同时，对于有传染性疾病的患儿要有专用诊室。

（九）急诊办公区

与生活区急诊办公区应设置主任办、护士长办、示教室（可作为会议室共用）、家属谈话室等。急诊生活区内应设男女值班室、男女更衣室、库房、轮椅存放间、就诊人员物品存放处等。值班室内应有洗浴间、洗手池及必要的电视、电话接口。公共部分应设置相应的卫生间、开水与热水系统，以便于病人饮水，急诊留观病人的用水。

十、血液透析中心区域的规划与布局

医院透析中心的建设必须按照规定的工作流程进行安排，内部功能必须符合国家的相关规范，确保透析过程的安全。

（一）血液透析中心的规划

小型的透析室，可与肾内科毗邻，按相关规定进行设计与规划建设。大型综合性医院的血液透析中心必须相对独立，位置应在交通便捷的通路上，以便于门诊血透病人的接诊与治疗。中心内部应按照相应的规范进行布局与装修。一般情况下，中心内部应划分成接诊区、治疗区及辅助区。治疗区主要包括：血透治疗间、治疗室、污物处置室、护理站；接诊区主要包括：医生诊室、接诊区、候诊区、患者更衣室、休息室、洗涤室等；辅助区主要包括：工作人区更衣室、工作人员休息室、水处理间、储存室等。上述三个区域的洁净要求是：治疗区为清洁区；接待区为污染区。各区域具体要求如下：

1. 治疗区的布局要求

新风系统必须符合规范要求，以保持空气清新。透析治疗间地面应使用防酸材料并设置地漏。一台透析机与一张床（或椅）为一个透析单元，透析单元间距按床间距计算不能小于0.8m，实际占用面积不小于3.2m²。每一个透析单元应当有电源插座组、反渗水供给接口，废透析液排水接口、供氧装置、负压吸引装置。根据环境条件，可配备网络接口、耳机或呼叫系统等。透析治疗间应当具备双路电源供应。如果没有双路电力供应，在停电时，血液透析机应具备相应的安全装置，允许将体外循环的血液回输至病人体内。如果透析间为开放设置，则在护理站周边设置治疗室与处置室；如果透析间分区设置，则在各空间内应设置操作台，方便配液与管理。透析治疗区一般要分区设置，如果条件允许时应设置部分单间或套间，以满足不同层次患者的需求。

2. 护士站

设在便于观察和处理病情及观察设备运行的位置。备有治疗车（内含血液透析操作必备物品及药品）、抢救车及基本抢救设备（如心电监护、除颤仪、简易呼吸器等）。

3. 治疗室

透析中需要使用的药品如促红细胞生成素、肝素盐水、鱼精蛋白、抗生素等应当在治疗室配制。备用的消毒物品（如缝合包、静脉切开包、无菌纱布等）应当在治疗室储存备用。如果血透中心未设置消毒净化机组，则应在治疗室设置空气消毒机，以保证物品存放要求。

4. 复用间

在治疗区，要设置复用间。其主要功能是对血透管路的清洗。复用间空间要适当间隔，一部分为阳性病人复用间；大部分为一般患者复用间。在分隔时要注意物资的流向安排，防止交叉感染。如果周边环境允许，应在复用间附近设置污洗间。污洗间应远离透析区。

5. 处置室

为污染区，主要用来暂时存放生活垃圾和医疗废弃品，且要做到分开存放，单独处理。医疗废弃品包括使用过的透析器、管路、穿刺针、纱布、注射器、医用手套等。

血液透析中心的护理工作一般为日间护理，其内部的平面结构布局与流程要照顾到日间门诊病人就诊的特殊性。在布局的流程关系上要考虑到相互工作的关联性。

（二）接诊区

接诊区的空间采用开放与封闭相结合的方法。

1. 接诊区

设置于患者入口处，形成一个完整的候诊区，为患者提供休息场所，同时完成登记、称体重、预约的过程。并要考虑病重患者与残疾人称重的平台设置。如接诊区空间是封闭式的应注意新风与空调系统的配备。

2. 更衣间与候诊室

患者更衣区的大小应根据透析室（中心）的实际病人数量决定，以不拥挤、舒适为度。患者更衣区设置椅子（沙发）和衣柜，病人更换透析室（中心）准备的病号服和拖鞋后方能进入透析治疗间。病号服和拖鞋应专人专用。工作人员更衣区应设置于工作人员入口处，经更换工作服、工作帽和工作鞋后方可进入透析治疗间和治疗室。

3. 医生办公区

医生办公室数量按需求设置，一般有主任办公室和医生办公室，诊室内部配置按一般要求配置强弱电。病人在完成各项预检后由医生确定病人本次透析的治疗方案，开具药品处方、化验单等，并安排病人进入透析间。

4. 在血透室的外围应根据床位数设置家属等候区

空间大小按每2张床3人陪同设计，保证家属等候的舒适性，并在空间内设置开水供应装置。

（三）办公生活区

主要包括工作人员更衣间、卫生间、值班室、护士长办公室等。工作人员要专设通道，并与治疗区、接待区作适当的缓冲，以确保工作区的洁净度要求。

（四）辅助区

主要包括水处理间及仓库。水处理间大小视床位多少确定。一般20张床位的血透中心，水处理间面积以20m²左右为宜。

1. 水处理机房的平面布局要求

水处理间的面积一般要求≥12m²；房间最小宽度≥2.5m；水处理间面积应为水处理机占地面积的1.5倍以上；地面承重应符合设备要求；地面应进行防水处理并设置地漏。水处理间应维持合适的室温，并有良好的隔音和通风条件。水处理设备应避免日光直射，放置处应有水槽，防止水外漏。水处理机的自来水供给量应满足要求，入口处安装压力表，入口压力应符合设备要求。透析机供水管路和排水系统应选用无毒材料制备，保证管路通畅不逆流，避免死腔孳生细菌。

2. 水处理设备进场前的准备

（1）土建准备

在水处理设备到达现场前，纯水输送管路最好由设备供应商铺设至血透室，并按医院所设置的床位位置预留接口。水处理间的下水地漏及水处理间所需要的下水沟槽或铺设下水明管道施工完成。配合完成土建施工中所需工作：如做防水（防水层厚度要足够厚，以免打地栓后造成渗漏，推荐＞120mm）、基台、下水、过墙开孔、管路走天棚需要在棚顶做吊架、吊杆安装等。水处理间设备在运行时，会产生一定的声音，为了不影响医护人员及患者的正常工作、休息及治疗，应对水处理间的墙壁、门窗等考虑隔音处理。在水处理设备安装前要对楼板的承载能力测试以确保安全。同时要根据前级预处理、反渗透主机的体积及重量做好安装的前期准备。

（2）运输通路准备

设备所经过的走廊过道、房门、电梯、楼梯及楼梯转角平台等必须能够满足设备的通过，其净宽度≥1.0m。

（3）水源要求

设备水源必需引进水处理间，水源供水管径由院内主管道至水处理间所有管路直径均≥50mm，中间不得有瓶颈现象；并预留50mm内丝或外丝管螺纹接口；在供水管路上安装总水阀门和压力表；供水压力介于2～4kg/cm²，压力稳定；流量≥6m³/h；如果供水水源压力过低，应提前考虑增加源水水箱，容积≥3m³；如果供水水源压力≥5kg/cm²，应提前在总供水管路中加装减压阀和压力表；如果水源有季节性或一天内有时段性出现水压过低或流量不足，应提前考虑增加源水水箱。设备即时产量只能满足该设备所标定的供水量，如医院拟用反渗透水配制透析浓缩液或复用冲洗透析器及管路，应提前说明，并增购分级供水装置。以免在使用运行过程中，出现配液或复用与血透用水相互争水，血透用水不足而影响正常透析工作的开展。

（4）强电配置要求

要根据设备型号确定配电总功率；电压：三相 AC 380V±10%，频率：50Hz±1Hz；总线要求：三相五线制（三火一零一地），线径≥6平方线；设备配电箱要求：预处理部分：电压：单相 AC 220V±10%，频率：50Hz±1Hz；推荐三孔 10A 防水插座 4 个，距地 1.5m 安装；主机配电箱：内部安装

≥30A 三匹 D 级（工业级）不带漏电保护总空开一个，推荐为墙挂式小型配电箱一个，进线要求见总线要求，安装位置请参见水处理间布局图，在相关位置距地 1.5m 高；供电容量要满足设备需要。如果电源有季节性或一天内有时段性出现低压或高压或三相不平衡等情况，请提前考虑增加稳压电源。电源零线与地线应分开。接地电阻≤4Ω。

十一、健康管理中心区域的规划与布局

健康管理中心（也称体检中心）规划与布局的基本要求是：合理规划体检的空间，科学构建体检流程。大型综合性医院的健康体检中心按照有关地方标准，要具有相对独立的健康体检场所及候检场所，建筑总面积不得少于 400m²。其功能与要素，既要注意资源的有效配置，又要从现实出发，为体检者提供便捷的服务。

（一）平面布局的基本要素

健康管理中心区域的流程设置一般情况下应包括：诊室（要根据体检量的大小，分别设置内科、外科、五官科、妇产科诊室）、抽血室、彩超室、心电图室、X 光室、妇科检查区等，并有休息室、更衣室及就餐区等。其装修要求同普通诊室。每个独立的检查室使用面积不得小于 6m²。

（二）布局的基本原则

健康管理中心是医院进行体检接待与体检实施的场所。其规模既受到经济能力的限制，也受到医院规模的限制。大型综合性医院在进行体检中心的建设中必须注意体检中心在流程设置上的便捷性与合理性；空间上的私密性；保障的周密性；体检过程的舒适性；医疗环境的安全性。

1. 流程上的便捷性与合理性

在流程上做到三个融合：①将检查的流程与体检项目有机融合。一般空腹体检项目在前，餐后项目在后，尽量使体检者能依次完成检查，顺向流动，减少不必要的运动，缩短体检时间。②流程设计要关注仪器设备的特殊要求，如彩超要放置在温度恒定、通风良好的房间；对通用设备的使用，一般患者与 VIP 进行合用，在通道上采用双开门形式，进行检查时，封闭一个通道，保证其私密性。③空间融合，把等候区进行分别设置，先到的客人在主等候区，后到的客人在专业等候区，使整体上的服务做到有序流动。在体检中，需人员与大型装备的配合时，由医院统一调度，保证效率。护理站按特殊要求进行设置，要便于人员接待，也要便于操作。要有网络系统及电视、电话系统。

2. 空间上的私密性

要根据客户检查项目区分为一般客户与特殊客户，在流程上要做到三个分开：①妇科体检与一般体检分开，只要条件允许就要进行适当的分隔，令阴道镜检查室、妇科B超室及妇科相关诊室有一个相对隐蔽的环境，注意对个人隐私的保护。②一般客户与VIP客户相区分，VIP客户有专用等候室、专用通道，并有专人陪护。③医疗与生活分开，在空腹检查结束后，有供就餐的专用空间，并方便相互交流。

3. 保障的周密性

休息室与餐厅装修要精心设计。餐厅不宜过小，并要有电源装置，以保证冰箱、微波炉的摆放，同时要设置洗手池及电视、电话。就餐区内应设开水间，以方便体检者。如就餐区设有洗手池时，应区分工作人员用洗手池与体检者洗手池。

4. 体检过程的舒适性

体检是健康人群对自身身体的一次检验，医院健康体检中心要为客户提供良好的体检环境。①在空间布置上色彩要淡雅舒展，同时要注意环境的绿化与美化。②在体检的同时，可以欣赏音乐、名画，可以就座交流；在体检结束后，可以有一个舒适的空间就餐，也可以相互交流③对于体检的结果能在一个特定的场所与体检者进行交流，并注意其私密的保护。

5. 医疗环境的安全性

在体检中心的建设中，要注意的三个方面的问题：①配电问题。在装备不确定的情况下，各相应的诊室的配电要留有余地。同时对于一些需要接地的装备，要在总体设计时预留接口，这样装备进场时才能确有把握，使之能尽快投入使用。②装修中要注意吸音的处理：一般而言，体检中心在进行工作时，体检的时间相对比较集中，在相对的时间内，吸音如处理不好，回音过大，对于检查者与医护人员的精力集中都会或多或少产生影响。这是在设计中不得不注意的问题。③是各区域中水设施的配置：要按照手卫生管理规定，凡是有诊室的地方都要有洗手的设备，确保医护人员安全。

（三）辅助区域装修要求

1. X光室的装修

该区域的装修要按相关规范进行设计与施工，在内外区域的分隔时要注意操作空间的安全性与可靠性，不宜过小，有碍操作。室内部分按防辐射要求进行装修，确保安全。在装修设计中，要充分考虑检查室内空调，将操作间与检查室的空调分开设计，保证体检者的安全与舒适。

2. 贵宾休息室

在健康管理中心要设置贵宾休息区，以接待VIP客人，该区域视接待的对象安排进行整体规划，一般要求室内应有电视、电话及相应的设施，如卫生间及洗手池等。

3. 功能检查室

主任、医生办公区应位于该区域的末端，以便与客户进行交流。条件允许时，应在中心内设置清洗室、装订室、洽谈室、医务人员更衣室。

4. 健康体检中心的卫生间

要设置体液摆放台，以便于标本收集。

十二、康复医学中心区域的规划与布局

(一) 康复医学中心的平面要素

康复医学中心应包括下述要素：主任办、医生办、接待登记处、PT室、OT室、ST室等。各室的装修根据其治疗对象与功能的不同，功能训练室可以在大空间中展开，物理疗法及语言疗法可分成多个空间展开。在进行平面规划时，主要应考虑空间的面积及各类配电要求，保证设备的摆放与运行安全。如果有水疗设施，则应有事提前规划好专用空间，并做好防潮、防漏耐腐蚀处理，保证设备与设施的正常运行。

1. PT——物理学治疗

物理学治疗是运用物理、机械原理，对病人进行治疗。例如，利用"热"效应来达到镇痛目的，利用"冷"或"冰"疗来达到抗炎、抗高热、抗痉挛的目的，利用"生物反馈"来改善病人习惯性意志控制的自主功能，利用"按摩"改善关节活动困难、解除痉挛以及改善神经肌肉的功能障碍等，以消除或减轻病人的痛苦。

2. OT——作业治疗

作业治疗是分析、研究病人偏瘫或受伤后所致的残疾和功能损伤情况，采用各种不同的方式方法来改进和帮助病人受损的功能，使他们在身心上适应社会的生存需要，在日常生活方面尽量能够独立完成，如饮食、穿衣、个人卫生等。其目的都是为了帮助病人把身体功能发挥到最大限度。例如，有目的地让病人进行手工艺工作，有选择性地进行帮助他们恢复功能的训练，并且制造或利用一些矫形器具，如夹板、支具等，矫正肢体的畸形、痉挛，以保持肢体的正常功能姿势；或者直接增强病人的肌力，改善病人的关节活动度，加强各种感觉器官的协调和统一性及动作的计划性。此外，作业疗法还可以使病人的精神和注意力集中，提高病人处理和解决问题的能力。

3. ST——言语治疗

言语是人类最珍贵而特有的本能，是人与人之间进行交谈、传达信息的工具。由于疾病使这种联系受到阻碍。言语治疗就是通过研究、分析、评价以及利用图片或教给病人舌头的位置摆放，以恢复发音或认知功能，恢复病人应有的言语交流能力。

作业疗法与物理疗法是密切相关的，有的治疗目的也是相同的，如二者都是为了增强肌力，改善关节活动度，恢复病人身体的各种功能。作业治疗与物理学治疗的主要不同点在于二者采用不同的治疗工具和方法。物理疗法主要是利用热疗、水疗、超声波、按摩和各种体操等，来改善神经肌肉的一般功能。而作业疗法主要是让病人利用各种锻炼功能的工具进行训练，通过工作训练来达到治疗的目的。因此，OT 室内要确保有足够的空间供病人锻炼，同时确保配电的安全。

（二）康复医学中心的装修要求

所有检查室、诊室、更衣室均设洗手池，洗手池可设计于靠近门的一侧或在门的对面靠墙角位置。所有检查室和诊室的办公桌位置，设强电插座三组，并在办公桌的对侧设强电插座两组，每组相隔 1m 左右，高度按规范。所有诊室的办公桌靠墙一侧的上方，设双联观片灯，有强电插座。其他所有诊室灯为日光灯，特殊检查诊室的强电按病房强电配置。冷热水保障：应从医院热水中心提供；如不能从热水中心提供，则应在诊室的对应位置设置热水器，供洗手用。

接待登记处设（网络）3 个，电话接口 3 个。所有诊室网络按一个医生 1 个网络接口，1 个电话接口计算。特殊检查病房设电话接口 1 个，电视接口 1 个，网络接口一个。音乐广播系统独立控制，设在护士站。

主任办公室的强弱电、洗手池按标准配置。PT 室、OT 室、休息室各留电话接口、洗手池一个，放长方桌。PT 室、OT 室沿墙每隔 1.5m 设一个强电插座。高度按规范。地面做木地板，以保证安全。理疗室插座按房间大小每 $2m^2$ 一组。

十三、感染控制科区域的规划与布局

综合医院内感染控制科的设置是国家卫生行政部门的强制性要求，对于正常的传染性疾病的诊治与突发公共卫生事件转诊起枢纽作用。感染控制科应自成一区，并邻近急诊部，以方便特殊情况的处理。目前，在一些新建的医院中，感染控制科的布局分为两种情况：一种与门诊同在一个区域平面的布局；还有一种方法是将感染控制科作为一个独立的区域与门诊入口、急诊入口、儿科入口并列为四个入口，这样布局时，在交通上必须有专设的通道，并有明确规定的标识，与其他诊区要切实分开；也有的医院在门诊区域设计时，将其独立于门诊之外，为一栋专用的建筑，但其出入通道与急诊部、医技部门相衔接。无论何种方式进行布局，其专业要素与流程的安排必须符合如下要求：

（一）诊区空间基本要素

一般应设有挂号处、收费处、预诊分诊台、诊室、更衣间、换鞋、淋浴间、值班室、开水间、办公室、缓冲间、取药处、化验室、诊查室、治疗室、处置室、移动 X 光机室、病人专用卫生间（同时，要考虑残疾人卫生间的设置）。其排污系统要与污水处理站排污通道相连接。在诊疗区靠近护理站并与病人卫生间相邻处的适当位置设置一间观察室，以便对病人的输液与留观。

综合性医院的感染门诊诊区设置应考虑不同的传染性疾病的隔离要求，如呼吸系统门诊与肠道病门诊区域应作适当区隔，并使流程尽量符合需求。如果感染性门诊的就诊量不大，且任务没有连续性，感染性门诊诊区设置在流程符合要求的前提下，管理要严格，规模要适当，内部配置要符合基本医疗需求。

（二）治疗区内部设置的特殊性要求

一般应设置观察病房、输液病房、负压病房（特殊性感染性疾病治疗）、护理站、配餐间、卫生间、开水间等。这一区域如设置正负压切换病房时，要将该病房置于建筑的末端，与其他区域采取隔离措施。病室前区要设置缓冲间，末端要有卫生处理设施，对空间分布及空气处理采取二级过滤措施，一方面防止病菌的传播，另一方面防止医护人员的感染。诊区与病区采分隔措施。工作人员通过缓冲进入。

（三）诊区与治疗区的流程要符合感控要求

在流程设计上要注意各要素的连接与畅通，分区要明确，通风要良好，自然光线充足，医护人员进入诊区，从入口起，经更衣室、换鞋，缓冲间后进入诊疗区，依次完成一次更衣与二次更衣；完成诊疗返回时，依次完成污物与服装回收等，该诊区设置要做好感控流程管理与隔离保护，确保医护人员安全与病人安全。在缓冲间内要设置紫外线消毒装置；医患通道要严格区分。要设置医护人员的卫生间与淋浴间（不可与病人共用）。

（四）技术配置的相关要求

1. 强电配置

各个区域内的照明配置要符合诊室照度要求，每个诊室在医生诊疗桌一侧要有一个单联的观片灯，每个医生的工作位置要配置强电插座 4 个，供电脑、打印机、电话、观片灯之用。所有房间除一般照明外，要安装紫外线消毒灯。在治疗室内要安装空气净化处理机，以确保工作人员配液时的安全。

2. 弱电系统配置

该区域内的门诊挂号、收费、药房、化验室、诊室等各部位电脑系统均与全院的信息系统相连接。每个医生工作站都要有电话与网络接口，并与全院联网。

3. 医用气体系统的配置

在观察室内每张床位前各配置氧气接口一个、负压吸引接口一个。如果离医院的主要气体源较远时，可以外接氧气瓶或设置汇流排，不专设线路。

4. 空调系统配置

感染性疾病门诊如果远离医院空调主机房，可不设中央空调，每个房间内均设置一个强电插座，需要时可安装分体式空调。

5. 水电系统的配置

冷水系统，要保证每个诊室与每个空间内均要有洗手池。热水系统要保证医护人员在进入退出诊区、更衣时都能淋浴。对留观患者，也要安排淋浴位置。同时，要将热水系统接至每个洗手池旁。如果院内的热水系统无法到达，则可以设置太阳能或电热水系统。开水供应，该区域内的开水供应，在开水间内设电开水炉。在配置强电时，注意开水间电源功率要求。

第二节　医技系统的建筑规划

医技系统是向医疗活动提供重要支持的技术部门。主要应包括：检验科、病理科、输血科、影像科等。因其涉及的设备不同、技术要求不同，空间要求也有所区别：有的设备可以安装在一个建筑群内，有的设备则需要有独立的区域专门进行建设规划。

一、检验科（临床检验中心）的规划与布局

医院临床检验中心的检验结果用于评估患者体内感染部位的化学成分及其平衡状态、遗传基因特征、体内细菌或病毒性质或水平，由此确定病人治疗方案的重要依据。

流程设计中必须保证从样本接收中心到检验科各个区域有直接的联系。如化学分析室与血液学分析室工作量大，布局上就与样本接收中心最近。免疫室则可稍远。工作区域宜大开间，微生物室则要进行封闭净化处理。如检验中心只在一个空间运作，则要设置一个常规微型化验室，便于紧急情况的处理。在内部空间规划中，要留有备品库，以便存放各类试剂及物品，同时还要在适当位置留有纯水制备间。

检验中心与各临床科室及手术部、门急诊均有密切的联系。其在全院医用建筑系统中的位置，要方便对手术部的输血供应，方便门急诊的联系及检验的

及时性。同时，在其内部要通过空间的逻辑组合，形成合理的流程。

（一）等待区

等待区也称为患者候检区。其内部要有足够的空间以容纳候检者。等待区要设置两个出入口，抽血人员的等候与体液检验人员的等候应加以分隔。抽血区操作台的宽度以 70cm 为宜，操作台下部应空置，能让患者在抽血时有一个舒适的体位，并有隔板间隔。在体液检验区的一侧，要有男女卫生间，并设置相应的摆放台，供患者摆放标本。在等待区与工作区衔接的过渡区中间，要用透明墙体进行相对分隔，使患者就诊时有一个舒适的空间，同时便于科室的管理。

（二）检验区

检验区是检验科的核心区域，必须按流程要求进行合理的分隔：依次可分为血液检验室、体液检验室、艾滋病筛查实验室、生化检验室、微生物检验室、分子生物学实验室。在具体规划中，应视医疗需求与检验科设备情况确定具体设哪些工作室。以大型综合性医院而言，在进行分区装修时，在空间上应注意以下问题：

1. 血液检验室

与外部相邻的墙体，基础部分可做成操作台，上部窗口用玻璃分隔，中间可悬空 25cm，基础部分为一个操作台，宽 50cm 左右，高度在 80cm 左右。外侧出窗为 20cm，内侧 30cm。靠墙的一侧为实验台。实验台 60cm 宽，高度为 80cm，防火木质板。室温常年应保持为 20～25℃，四周顶部安排吸顶式空调，通风良好。实验台上部每隔 1.5m 设一组连排插座。周围墙面每 1.5m 设一组插座。血液检验室内的周边要考虑血细胞计数仪、凝血分析仪、恒温箱、尿沉渣分析仪、冰箱、离心机、试剂柜等各类设备的放置。

2. 体液检验室

窗口上部为玻璃，中间悬空 25cm，做一个台子内外宽 60cm，高度在 80cm 左右。外侧出窗 15cm。靠墙的一侧为实验台，60cm 宽，高度为 80cm，防火木质板。实验台上部每隔 1.5m 设一组连排插座。周围墙面每 1.5m 一组插座。温度常年保持为 20～25℃，四周顶部要安排吸顶式空调，通风要保持良好。

3. 艾滋病筛查实验室

此区域应划分成两个部分：一部分为实验室。尽量选择一个空间较为宽大的区域，内部设置实验台，基本的设备有酶标仪、洗板机、离心机、水浴箱、冷藏冰箱等。在此空间内，在实验台平面上部应每隔 1m 设置一组电源插座。一部分为办公区，要设置电话、网络插座各一，在办公室内沿墙每隔 1.5m 设置插座一组。在办公桌附近要设置三组强电插座,以保障计算机、打印机、电话等设备使用时的强电需要。

4. 微生物实验室

微生物室的流程与环境有其特殊的要求,一般情况下要分成四个区域进行设置:

①标本收集区,位于实验室的入口处,有专设窗口对外。

②标本处理区,进行标本检测并出具报告的区域。在这个区域中,有条件时应将空间分成 4 个独立空间设置:涂片染色区;细菌鉴定及药敏分析区,其实验台面邻近血培养分析仪、细菌鉴定与药敏分析仪;结核菌检测区为一个独立的空间,配置生物安全柜等设施,其通风排风口与安全柜摆放位置应在设计时留置,防止遗漏;发放报告区,收集有关资料,发放检测结果的报告,均在该区进行。最好为独立区域,与其他区邻近为宜。

③污物处理区:标本经检测后做消毒处理;所有污物在此集中,经消毒后处理。

④无菌区:用于分装存放培养基及放置各类无菌试管、塑料器皿等。在微生物实验室入口处设标本台,高度为 80cm 为宜,宽度视实验室大小确定,一般为 80cm。操作间内的每个桌面上设置超净工作台,确保实验安全。该室要设置大功率电源,具体要由设备提供商提供具体的参数。在进行该区域的设计时,既要考虑新风的补充与排放,也要考虑超净工作台新风的更新循环实验台应靠近窗口设置,要避免空气排放管道太长,排风不畅,影响安全。靠门处做标本台。仪器台面下可做成地柜,用于放置培养箱、血液自动培养仪、鉴定仪、药敏分析仪、显微镜等。

5. 生化实验室

生化实验室应分为前后两室。前处理室设操作台,标本接收台,应预留放置离心机及冰箱、水浴箱等的位置。既要视面积大小进行布置,也要视仪器设备的具体情况而定。后室采大开间设置,要考虑普通检验区的仪器摆放要求,在与接待区紧邻的地方设地柜,用于摆放发光分析仪、酶免疫分析仪、酶标仪、洗板机、冰箱、离心机、水浴箱等。室内要设置网络、电话接口,强电插座在其台面上部 10cm 处每隔 1.5m 设置四联插座一组。后室为临床化学检验室,在操作台上可放置生化分析仪,并有水处理设备、电源稳压系统,不间断电源。墙体上设电话、网络接口等,前后两室均沿墙每隔 1.5m 设一组插座,同时设备的安装位置,各类管道走向(如水管、电线管、网线管及配套仪器的位置)均要有统一的考虑,以保证操作方便,环境安全。

6. 基因扩增（PCR）实验室的规划与布局

临床基因扩增检验技术是指以临床诊断治疗为目的，以扩增检测 DNA 或 RNA 为方法的检测技术，如聚合酶链反应（PCR）、连接酶链反应（LCR）、转录依赖的放大系统（TAS）自主序列复制系统（3SR）和链替代扩增（SDA）等。临床基因扩增检验实验室设立在二级以上医院。各省、自治区、直辖市临床检验中心负责对所辖行政区域内临床基因扩增检验实验室的质量监督管理工作。

PCR 实验室可以是分散形式，也可以是组合形式。分散形式 PCR 实验室，是指完成试剂准备、标本制备、扩增、产物分析实验过程的实验用房彼此相距较远，呈分散布置形式。对于这种布置形式的 PCR 实验室，由于各个实验之间不易相互干扰，因此无需特殊条件要求。

组合形式 PCR 实验室，由于各个实验空间相对集中布置，容易造成相互干扰，因此，对总体布局以及屏障系统具有一定的要求。各室在入口处设缓冲间，以减少室内外空气交换。试剂配制室及样品处理室宜呈微正压，以防外界含核酸气溶胶的空气进入，造成污染；核酸扩增室及产物分析室应呈微负压，以防含核酸的气溶胶扩散出去污染试剂与样品。如果使用荧光 PCR 仪，扩增室和产物分析室可以合并。若房间进深允许，可设 PCR 内部专用走廊。具体的建设与配置要求如下：

（1）空间设置与流程要求

PCR 实验室空间一般区隔为试剂准备、标本制备、扩增、产物分析等 3～4 个区域。在使用实时荧光 PCR 仪、HIV 病毒载量测定仪的 PCR 时，建立 3 个区域即可。各空间应完全独立分隔，空气不得在区间相互流通。空间分隔时，试剂准备区、产物扩增区、扩增分析区，不需太大；标本制备区，适当放宽。标本制备室内应设生物安全柜、低温冰箱等。试剂准备区、标本制备区应设紧急洗眼器。

实验区域内流程、路径的标识必须清楚，要严格按照单一方向进行，即试剂储存和准备区→标本制备区→扩增反应混合物配制和扩增区→扩增产物分析区。区域内设备管理要严格分类，避免不同工作区域内的设备、物品混用。不同区域的工作人员穿着不同颜色的工作服，离开各工作区域时，不得将工作服带出。

在进行扩增实验室的规划设计时，凡有条件的都应在试剂准备、标本制备、扩增 3 个区域设置缓冲间，确保空气的洁净、实验结果的准确性与人员的安全。

（2）PCR 实验区各空间设备配置要求

试剂储存和准备区的配置要求：该区一般以超净工作台为试剂配置的操作台面，并根据工作需要配置 2～8℃和－15℃冰箱；混匀器；微量加样器（覆盖 1～1000pl）；移动紫外灯及天平、低速离心机、混匀器等。

标本制备区的配置要求：该区域为扩增实验室的主要空间，必须配置生物安全柜、超净工作台、加样器、台式高速离心机（冷冻及常温）、台式低速离心机、恒温设备（水浴和/或干浴仪）、2～8℃冰箱、－20℃或－80℃冰箱、混匀器、微量加样器（覆盖 1～1000μl）、冰箱、混匀器和可移动紫外灯等。

扩增区的配置要求：该区域配置的主要仪器为核酸扩增热循环仪（PCR仪，实时荧光或普通的）、加样器、超净台、可移动紫外线灯（近工作台面）等。必须实行双电源配置，如无法解决，应配备稳压电源或 UPS，以防止由于电压的波动对扩增测定的影响。

扩增产物分析区的设备配置要求：该区配置的仪器设备应根据工作量的需要确定，一般要求为：加样器、电泳仪（槽）、电转印仪、杂交炉或杂交箱、水浴箱、DNA 测序仪、酶标仪和洗板机等。特别要注意的是，该区域空气流向应由室外向室内，可通过在室内设置通风橱、排风扇或其他排风系统达到空气流由室外向室内流动的要求。

（3）PCR 实验室主体结构的装修要求

PCR 实验室内的主体结构装修其用材要便于清洗、耐腐蚀。一般情况下可用彩钢板、铝合金型材。室内所有阴角、阳角均采用铝合金内圆角铝，确保结构牢固、线条简明、美观大方、密封性好。地面用料建议使用 PVC 卷材地面或自流坪地面，整体性好。便于进行清扫，耐腐蚀。没有条件的也可采用水磨石地面或大规格的瓷砖。照明选用净化灯具，能达到便于清洗、不积尘的要求。

其内部流程按规范要求进行分隔与气压调节。如果设置成试剂准备、标本制备和扩增检测 3 个独立的区域。整体上应设置缓冲走廊。每个独立实验区设置有缓冲区，各区通过气压调节，使整个 PCR 实验过程中试剂和标本免受气溶胶的污染并降低扩增产物对人员和环境的污染。通过技术设计达到：打开缓冲区 I，缓冲区 II 和 PCR 扩增区的排风扇往外排气，在实验区的外墙上和各扇门上都安装有风量可调的回风口，通过回风口向室内换气。

在感控流程的管理上，应在各个实验区和缓冲区顶部以及传送窗内部安装有紫外线灯；试剂准备区和标本制备区设置移动紫外线灯，对实验桌进行局部消毒。试剂和标本通过机械连锁不锈钢传递窗传递，保证试剂和标本在传递过程中不受污染。

（4）PCR实验室在装修过程中应注意的问题

强电配置要满足实验区的要求，采用不间断电源；网络配置要确保信息系统与电话的畅通；水系统的水压、水温要满足实验区要求，同时要在工作人员的入口处设置更衣洗浴间。

（三）血库

大型综合性医院输血科应独立设置。要以布局流程合理、防止交叉污染为原则，面积要达到200m²。至少应设置储血室、配血室、发血室、值班室、办公室、洗涤室及库房。空间分区应符合下述要求：储血区包括储血室、发血室、入库前血液处置检测区包括仪器放置、实验操作；输血治疗室（一般医院不设置）；污物处理区包括污物存放区、洗消区；夜间值班休息室；同时，应设置资料室以方便输血档案存取，示教、参考书籍的存放。

一般规模的医院可将输血科的功能设置于检验科内，作为一个工作单元进行规划安排，使之在空间与通路上相对独立，对外有窗口，内部要有通路与手术室相通，以保证对麻醉科的及时供血，也便于科室送（取）血。在操作空间、流程上，应符合国家的相关规范。如果血库的空间比较大，承担的任务比较重时，其空间的划分上，通常包括如下要素：采血区、合血室（细胞分离、成分血制备）、储血区、发放区（应与采血窗口分别设置）及相应的工作人员用房。污染区与非污染区应进行隔离。上述各空间内要做好空气消毒或净化处理，并有足够的新风与排风装置。强电插座要满足储血冰箱、离心机、水浴箱、显微镜、台灯等的需要，并配备电话、网络插座。

（四）检验科装修注意事项

每人办公桌均设置计算机、打印机、电话接口与相应的强电插座。并在每个操作台前设置强电插座一组。各实验室地面水池下水口旁安装地漏。洗涤间内水池需防强酸、强碱。并按实验台的大小安装若干小水池，高度为40cm，内径为60cm×60cm；若干个大水池，规格为60cm×100cm。各室（除洗涤间、更衣室、暗室、储藏室、试剂仓库、冷库、恒温室、冰箱室外）均应有网络、电话接口。细菌室、艾滋病实验室（实验室与缓冲间）顶部安装紫外线，并安装排风装置。细菌实验室须留通风柜出口；常规临检室、洗涤间、试剂仓库、储藏室等区域，需设计排气扇。由于冰箱用电量大，室内必须安装四组电源插座，并考虑空调系统的需要。

在检验科的平面布局中，除实验区外，必须根据需要设置办公区域与辅助功能区域。主要包括：主任办、技师办、会议室、工作人员值班室、备品库等，以保证检验科的正常运行。

（五）检验科的感染控制与消毒处理

一般情况下，检验科的空气消毒与感控处理分为两个部分，一部分对空气过滤有特殊性要求的区域，如微生物实验室、分子生物学实验室等，必须符合相关实验室的净化要求，严格空间流程的管理。另一部分为一般实验区，要定期进行空气消毒。在设计中要按照感染控制的相关规范，对各空间的空气消毒处理进行规划。如确定以紫外线消毒为主要手段，应在装修时统一设计，统一完成，避免空间装修完成后再进行重新施工。

二、病理科区域的规划与布局

病理科通常承担的任务：一是普通外检或活体组织学检查，即通过对人体的各种组织标本进行病理检查以确定其病变性质、范围及发展程度等；二是快速冰冻切片分析，即当患者在手术过程中时，将病人的组织样本在低湿冷冻状态下快速制成很薄的切片，然后在显微镜下进行观察分析，以初步明确疾病的病理诊断，为临床医师分析病因，解释患者的症状，确定治疗原则、决定手术方案与手术范围及评估患者的预后等提供重要的依据。病理科是直接面对病人、直接面向临床一线、与手术室关系密切的科室。所以，在病理科建设上，其位置要与手术部邻近为好。同时，由于病理科检验标本多数具有污染性，所使用的试剂均易燃。因此在建筑布局中，对于病理诊断过程的防污染，试剂管理的防火及资料管理的空间防护与管理措施都必须充分考虑。

（一）病理科的空间要素

一所 500 张床位以上的综合性医院，病理科的面积在 300m² 左右为宜。空间上应具有如下基本要素：收发室、取材室、仪器室、切片室、诊断室（可设置 2 间以上）、细胞学诊断室、免疫组化室、读片讨论室、收发室、暗室及主任办公室、医生办公室等。在进行空间组合时，要注意流程的合理性，做好空气的感控处理，防止交叉感染的发生，装修设计与施工要严格按照相关规范进行。强电、弱电的布点安排与一般诊室的不同之处在于其高度均应与操作台平行，满足病理实验仪器安装的要求。并与医院信息系统连接，以保证临床能获取及时的信息。

（二）平面流程组合方法

一般情况下，可将仪器室、切片室、诊断室及取材室作为一个区域合理组合。将自动脱水机、染片机等使用甲醛、二甲苯、乙醇等有害试剂的仪器均集中于仪器室。切片室、化验室、诊断室围绕仪器室展开，使切片、诊断室与仪器室间的路径最短。同时要在仪器室设置排风量较大的排风系统，并加装紫外线消毒设施，确保工作环境的安全性，防止污染。

（三）病理科教学用房

病理科可将读片讨论室作为教学用房进行设计与装修。该区域主要用于病理科专家对病理报告的复查及诊断教学之用。对其空间要进行认真规划与安排，应将多头显微镜、计算机接口、显示屏、闭路电视及资料室集于一室，以充分发挥其作用。同时，应专门设置一间诊断室，内设显微照相装置、计算机等设备，以备高年资医生进行教学准备之用。

（四）病理科辅助用房

应将收发室、资料室、更衣室、厕所及淋浴间进行统一规划。特别是淋浴间应在向阳一面，通风良好，以防止取材人员的血污对外界产生污染。同时，在设置病理科的通道与入口时，要预留设备能够出入的通道，防止门框过窄过低，影响设备进出场。

（五）病理科布局与装修注意事项

①对需要进行排风的设备应尽量靠近窗口安装，以减少排风管路的长度，影响排风效果，造成环境的污染。②室内的地面最好用瓷砖，以便于清理打扫。③由于其使用的试剂均有易燃性及危险性，应设置专门的空间对这些物质加以管理，防止丢失，造成不必要的损失。当医院规模较大时，要考虑有尸检室、洗涤室、淋浴更衣室、诊断室、厕所等必要的设施的空间安排。如果医院规模不大，病理科设置尸检房，则应在太平间附近一体规划，如果检验科与病理科设置在同一个平面中时，必须在区域作必要的关联安排。目前国家规范中明确病理科与检验科是分列的。在实际应用中有些布局上的方法是可以作参考的。

三、药剂科（药学部）区域的规划与布局

药剂科（药学部）的规模应根据医院的功能与床位数进行设定，有时也要根据医院赋予药剂科的任务范围进行规划。一般来说，500张床位以上的综合性医院的药剂科，必须包括：中药房、西药房、急诊药房、住院药房等，同时要有储藏空间，如：大输液存放间、毒麻药品室、药库房（分中药库房与西药库房）、煎药室。如为综合性医院，且以西医为主时，药库房应以西药库房为主，中药库房要在适当的位置辟出一个小的空间。此外药剂科必须有必要的办公场所。在进行整体规划时，要考虑到药品的发放及药品进场验收的出入口的设置，做到安全有序，防止发药与进药交叉、内部与外部交叉、区域之间交叉，影响管理的效能。在进行各场所的规划时，具体要求如下：

（一）药剂科（药学部）的基本布局

药剂科的整体布局可以分片设置，也可以根据功能分层设计。一般情况

下，门诊药房为药剂科的主体。这一区域分为西药房、中药房。如设中药房，在区划上要加以适当分隔。此外，在急诊科、儿科区域也应开设药房。住院部可以独立展开中心摆药与住院部药房。可视平面规模与需要而定。

药剂科的规划要素包括西药房、中药房、危险品库房及大输液库房。西药房、中药房应位于门诊与急诊交通方便处，并与挂号、收费处相衔接。药库房空间人为常温库、阴凉库、大输液库房、毒麻药品库房、化学危险库房等。同时，应包括：药剂科的办公用房及药学情报室与实验室等。其中，化学危险库房应距主体建筑30m，并具有一定的防爆、防火设施。药库房的面积要视医院规模进行安排。

1. 西药房的布局

内部空间要素分为：取药等候、发药核对处、发药窗口、药物咨询室、药库房、贵重药品存放间、调剂室、工作人员办公室、更衣室等。夜间发药窗口应安排在门诊部适当位置，最好与划价处相邻（如急诊夜间不设发药窗口，则要在门诊药房设置）；门诊药房分为中药房与西药房设计，具体按规范要求进行。根据工作量不同设置发药窗口，一般要求每1.5m左右设置一个窗口，每个窗口的位置要有弱电、强电、网络和打印机接口等，窗口是开放的，还是半开放的透明设计，要综合考虑安全因素及形象因素，一般情况下，当设计为开放式时，必须考虑到休息日及夜间的安全问题，采取适当防护的措施进行加固处理，以确保安全。

2. 中药房的布局

中药房一般分为三个空间：中药房、中药仓储中心和煎药间。中药分中成药和散装中药，中药房发药处也相应分为中药配药及中成药发放两块。如备有散装中药，则中药房和仓储中心都要适当增大面积。储藏室里可做一些货架，也可设置为中药房办公室。如中医科规模较大时，则要在适当位置设置煎药间。煎药间要远离药房，要与蒸汽、水源临近，并便于排放废气，该区间的电功率要稍大，一般设计不能小于15kW。煎药用水的上水，要做好防漏，下水保持通畅，防止堵塞。排风系统的机械要耐腐蚀，并具有较大功率。如用电器煎药，要做好台面，并在墙体的台面上部按2m左右等距离设置强电插座。

3. 毒麻药品库的装修

毒麻药品是药剂科的一部分，也是公安部门与卫生行政管理部门重点检查监督的重点。一般设置于门诊药房的中心区，便于监控与管理，还应有必要的防护设施，如：防盗门窗、监控录像点等。同时要双人双锁管理。其内部要放置冰箱、冷藏柜、保险柜等，并定期进行检查，确保安全。

4. 住院部药房（又称中心摆药）

主要任务是：负责住院病人的药品供应及出院病人所需药品的领取。各医院规模不同，住院部药房的布局与大小也有所不同。一般住院部药房的位置在住院部一楼，必须具有两个功能区，一个为出院病人取药区，药房的规模不宜大，只要能保证出院病人取药所需即可。另一为中心摆药。中心摆药区的布局分为三大空间：①摆药区，面积要大些，周边为药架，中央为摆药台；②清点校对区，病区护士取药时能够进行清点核对；③药品储存区，主要用于中心摆药区各类药品的存放与管理。如有条件，住院部药房应设工作人员休息场所和洗手间。其工作流程与空间设置要求为：网上接受申请、药剂师摆药处、科室护士取药清点处、药库、贵重药品存放处、大输液仓库、办公室、更衣室、卫生间。在大型综合性医院建设中，还要考虑医院危险品仓库的地点与管理与住院部药房的远近。

5. 药房咨询窗口

大型医院的药剂科（药学部）应设置药房咨询窗口。该空间可以是封闭的，也可以是开放的，无论哪种方式，都要便于与患者交流。

6. 急诊药房

如急诊区与药房距离较近，则急诊药房白天可以关闭、夜间开放。如独立设置急诊药房时，则应在急诊药房一侧设置公共卫生间及淋浴装置。并在急诊药房内设置信息系统与强电系统，如电话、网络、强电插座等。

7. 静脉药物配液中心及临床药学工作室

凡有条件的二级以上综合性医院均应设立静脉药物配置中心。临床药学工作室的工作空间一般情况下不得少于2间工作室。一间为实验室，主要用于摆放药学浓度监测仪；一间为工作室，可以与药学情报工作室合用。

（二）药剂科（药学部）的辅助用房设置

1. 办公用房

一般要分为会议室、主任办公室、药剂师办公室、接待室等。各个空间要根据需要分别设置必要的电话、网络、打印机接口及电源插座。

2. 生活用房

生活用房应根据需要设置值班室、更衣室、洗手间。值班室内除值班床外应设置强电插座、电话、传呼、电视系统。更衣室要区分男更衣室与女更衣室。如果面积较小时，更衣室内一侧为衣柜，一侧放办公桌，为工作人员的休息场所。更衣室内设一个电话插口。在值班室内要设置公用卫生间及冲淋装置。

3. 仓储用房

一般有西药库房、中成药库房、试剂库、消毒液体库存放间、大输液存放间等，这些空间除要有必要的电源插座外，所有库房要通风除湿，所有的地方进行分隔，要做好防潮、防盗、防鼠的措施。在设置仓库区的进入通道时，在方位上要避开主出入口，出入口如设置平开门，要注意门的宽度，保证送药车与领药车能顺畅进出。同时要注意剧毒药品库房的设置的位置，要确保安全、便于管理与监控。

（三）药剂科（药学部）装修注意事项

装修要按照就近、方便、适用、节省面积的原则进行设置。如面积较紧，药房内工作人员可不专设办公室，可在发药区设办公用桌，并留有电话接口。在门诊药房的每个发药窗口设网络、打印机、电话接口，并配置相应的强电插座，供计算机、打印机用。同时，要从安全防护考虑，该区域要设置监控装置，以便于遇有特殊情况时提供证据保全。药房如有夜间值班人员时，则应在取药窗口设置呼叫按钮，以便夜间工作的开展。

如在急诊与儿科门诊设置药房时，则应注意功能的完善。除药房外，还应单独设置夜间值班室及男女更衣处与淋浴处（可与急诊共用更衣与淋浴间）。

综合医院的药剂科的规划与流程要作统筹安排，如门（急）诊紧邻，则应将急诊药房与门诊药房统一在一个区域内，同时要考虑急诊的夜间药房供应与管理，不要造成空间浪费与人力资源的浪费。

四、静脉药物配液中心的规划与布局

静脉药物配液中心的主要功能是：进行抗生素、细胞毒性药物、普通药物及营养液配置，建立静脉输液配置中心是合理使用药品减少浪费，防止空气中微生物、微粒进入输液造成热原样反应，避免二次污染及药源性疾病的发生。目前，在一些规模较大的医院为提高临床药物配置的安全性，都设置有配液中心。中心的选址需要考虑物流运输及人员流线的便捷并通过专业分法计算出满足临床配置需要的使用面积。

（一）静脉用药调配中心的基本布局要求

①静脉用药调配中心（室）总体区域布局、功能室的设置和面积应当与工作量相适应，并能保证洁净区、辅助工作区和生活区的划分，不同区域之间人流与物流出入走向合理，不同洁净级别区域间应应有防止交叉污染的相应设施。

②静脉用药调配中心（室）应当设于人流流动少的安静区域且便于医与医护人员沟通和成品运送。设置地点应远离各个污染源。禁止设置于地下室或半

地下室，周围的环境、路面、植被等不会对静脉配液过程造成污染。洁净区的采风口应当设置在周围 30m 内，环境整洁、无污染地区，离地面高度不低于 3m。

③静脉用药配液中心（室）的洁净区、辅助工作区应当有适宜的空间摆放相应的设施与设备。洁净区含一次更衣、二次更衣及调配操作间；辅助工作区应当含有与之相适应的二级仓库，药品与物料储存、排药准备区、审方打印区、成品核对查、包装和发放区等及普通更衣、洁具清洗区等功能室。

同时在面积充足的情况下应设有其他辅助工作区域如普通更衣区、普通清洗区、耗材存放区、冷藏区、推车存放区、休息区、会议区等。全区域设计应布局合理，保证顺畅的工作流程，各功能区域间不得互相妨碍。

④为确保药品的安全，在辅助区域中应当分设冷藏、阴凉和常温区域，库房相对湿度在 40%～65%。二级药库存的门宽要便品消防安全与药品车进出。

⑤配液中心的流程设置，中心的选址需要考虑物流运输及人流的便捷，并需根据中心的任务确定需要的使用面积。一般情况下以床均面积 0.3～0.4m² 为宜。中心内应具备二级仓库、排药准备区、审方打印区、洗衣洁具区、缓冲更衣区、药品调剂区、成品核对区、发放区（冷藏室）等工作区域。同时在面积充足的情况下应设有其他辅助工作区域如普通更衣区、普通清洗区、耗材存放、冷藏区、推车存放区、休息区、会议区等。全区域设计应布局合理，保证顺畅的工作流程，各功能区域间不得互相干扰。

（二）静脉配液中心（室）的建筑装修要求

1. 静脉用药调配中心（室）内的照明要求

静脉用药配置中心的照明要求规范并未明确，建议参照中心供应室的规范，执行下述标准（表3-1）：

表 3-1　　　　　　　　静脉配液中心（室）照明要求

区域名称	最低照度（lx）	平均照度（lx）	最高照度（lx）
大输液（药品）仓库	200	250	300
排药准备区	200	300	500
药品配置区	1000	1500	2000
冷藏库房	200	250	300
审方打印区	200	300	500
更衣、缓冲区	200	300	500

2. 配液中心的装饰要求

墙壁色彩应当适合人的视觉；顶棚、墙壁、地面应当平整、光洁、防滑、便于清洁，不得有脱落物；洁净区的顶棚、墙壁、地面不得有裂缝，能耐受清洗和消毒。交界处应成弧形，接口严密，以减少积尘和便于清洁。建筑材料要符合环保要求。

3. 配液中心各区域中的净化要求

中心内各工作间应按静脉输液配置程序和空气洁净度级别要求合理布局。不同洁净度等级的洁净区之间的人员和物流出入应有防止交叉污染的措施。洁净区的洁净标准应当符合国家相关规定，并以经法定检测部门检测合格后方可投入使用。各功能室的洁净级别要求：

一次更衣室、洗衣洁具间为 10 万级；

二次更衣室、加药混合调配操作间为万级；层流操作台为百级。

其他功能室应当作为控制区加强客理，禁止非本室人员进出。洁净区应当持续送入新风，并维持正压差；抗生素、危害药品静脉用药调配的洁净区和二次更衣室之间呈 5～10Pa 负压差。

4. 静脉用药调配中心（室）

需根据药物性地分别建立不同的送排（回）风系统。必须将抗生素类药物及危害药物（包括抗肿瘤药物、免疫抑制剂等）的配置和肠道外营养及普通药物的配置分开。需要建立两套独立的送排（回）风系统，即：配置抗生素类药物及危害药物的洁净区为独立全排风系统。排风口要远离其他采风口，距离不小于 3m，或者设置于建筑物的不同侧面。排风应经处理后方可排入大气。

一般区分为：抗生素类药物和危害药物（包括抗肿瘤药物、免疫抑制剂等）的配置，需要在Ⅱ级生物安全柜中进行。肠道外营养药物和其他普通药物的配置，需要在百级水平层流净化台中进行。为保证百级层流台保持较好的净化工作状态，中心内对各区域的洁净级别有以下要求：一更、洗衣洁具间为 10 万级，二更、配置间为万级，操作台局部为百级。洁净区应维持一定的正压，并送入一定比例的新风。配置抗生素类药物、危害药物的洁净区相对于其相邻的二更应呈负压（5～10Pa）。

5. 温度、湿度、气压要求

静脉用药配置中心（室）应设有温度、湿度、气压等监测设备和通风换气设施。室肌温度要保持在 18～26℃；相对湿度 40％～65％。洁净区之间的压差在 0～5Pa。

（三）配液中心的设备选型要求

中心内设备的选型安装应符合静脉药物的配置要求，易于清洗、消毒或灭菌，便于操作、维修和保养，并能防止差错和减少污染。中心内与药品内包装直接接触的设备表面应光洁、平整、易清洗或消毒、耐腐蚀，不与药品发生化学变化或吸附药品。设备所用的润滑剂、冷却剂等不得对药品和容器造成污染。中心内应建立设备管理的各项规章制度，制定标准操作规程。设备应有专人管理，定期维护保养，并做好记录。中心内洁净区空调新风机组更换空气过滤器（包括初效、中效、高效）以及进行有可能影响空气洁净度的各项维修后，必须经运行、检测达到配置规定的洁净度并经验收签字后方可使用。验证记录应存档。中心内所有购置的核心设备应经过国家权威部门认证，其生产厂家应具有国家有关部门颁发的生产许可证。核心设备的维修要选择具有相关资质的厂家进行维修。

五、腔镜中心、内镜中心区域的规划与布局

（一）腔镜中心的建筑规划与布局

1. 腔镜中心

一般由腹腔镜、宫腔镜、子宫肌瘤镜、前列腺气化电切镜、膀胱镜等组成。腔镜手术在临床上的应用，是医学史上一个里程碑，它引领临床手术进入微创时代，尤其是对胆石症和妇科诊疗领域的意义深远。在妇科方面：腹腔镜子宫全部切除及次全切除，腹腔镜子宫肌瘤切除，卵巢及输尿管切除，良性卵巢瘤及卵巢囊肿切除，子宫内膜异位症，宫外孕，慢性盆腔炎，宫腔镜检查，宫腔镜黏膜下子宫肌瘤切除等。在外科方面：腹腔镜胆囊切除，腹腔镜阑尾切除，腹腔镜肝肾囊肿开窗，腹腔镜胃穿孔修补，腹腔镜精索静脉曲张结扎，经尿道前列腺电切术，输尿管镜输尿管结石、膀胱结石碎石术等。腔镜手术以其手术创伤小，术后疼痛轻，恢复快，腹部不留明显瘢痕且住院时间短，术后无肠粘连等并发症等显著优点，最大限度减轻病人痛苦。腔镜中心可作为一个临床科室实行独立管理，在不同医院有不同的组合方式。中心的建筑布局按手术区流程进行规划，有些以产科腔镜为主，有些以普外科为主，有些以泌尿外科为主组成腔镜中心。也有医院将专科腔镜集中于手术室统一管理使用。

2. 腔镜中心的空间规划

以腔镜手术室（根据需要设置手术室间数）为中心设置各类辅助用房。如：护理分诊台、医生诊室、办公室、更医室、休息室、卫生间、患者的缓冲间、等候区、污物处置室、清洗消毒设备间、病人专用卫生间。区域流线各要素组成时，要注意如下问题：①医患通道要分开，医生从一个通道进入，通过卫生处理后进入手术区；患者从另一个通道进入，避免交叉感染的发生。②空间要素流程要符合规范。入口处应设置等候区、缓冲区、手术准备区。手术等候区最好设置患者休息室，面积大小一般视内镜的多少而定。③各类配置要满足要求。手术区：除必要的供电系统外，要有氧气、负压、吸引装置。可以在进入内镜室前进行必要的预处理。手术准备区：根据患者的手术种类，设置各类医用气体与相应的抢救设备。手术恢复区：应设置若干床位，床位数根据中心的规模而定。如果医院内镜区规模不大，则根据实际情况进行设置，腔镜中心要设置病人专用卫生间与工作人员卫生间。如腔镜分属不同科室管理，且无成立中心的必要时，可以手术部为主进行腔镜管理，应在手术部建设中注意腔镜室的安排。

在腔镜中心的建设规划中，要根据各类腔镜功能对环境的要求，并按照国家卫生管理的行业规范及各类强制性规范进行建设。在流线上要处理好与其他科室的关联性。如卫生间的共用、污洗间的设置、公用通道的管理等都是必要的。特别是该区域作为一个独立单元进行规划时，要对新风排风系统及对候诊区，治疗室、主任医生办公室及清洗中心的空间要素进行详细规划。

（二）内镜中心的建筑规划与布局

内镜中心的设备一般有肠镜、胃镜、气管镜、超声内镜、纤支镜等及相关治疗项目的综合性治疗场所。在现代化的综合性医院中，随着内镜及相关器械、配套设备的不断增多，人们对内镜中心的设计也提出了更高的要求。

1. 内镜中心的规划与规模

内镜中心位置的规划应考虑患者停留的时间、患者检查的特性及与其他科室之间的衔接。由于接受内镜检查的患者多数是门诊病人，且有些病人在检查前一天要进行清肠，接受空腹检查。因此，选址应靠近门诊或在门诊区域内。楼层不宜太高，既要减少患者的运动距离，也应与药房、收费处、病理科相近或相邻，便于患者的缴费和标本送检等。内镜中心的规模要视医院临床科室的分类、功能及人员状况进行安排。如果是分散安排，这些内镜可分属于不同科室，当规模较小时护理人员可以进行兼容性管理，医院可根据各科室具体情况在门诊区域中划分出一定的空间，按专业要求规划科室的腔镜室。但从节省人力资源成本、设备成本诸多方便考虑，成立内镜中心更为合理。

2. 内镜中心的布局形式与要求

内镜中心的整体布局应做到医患分开，流程合理。其流程要求必须具备五大功能、三个通道的布局形式。五大功能即候诊区室、准备区、手术区、恢复区、辅助区。三大通道的布局指：①患者候诊区与患者通道，一般应包括：候诊区、预约登记处、分检处、麻醉苏醒室、进入内镜诊室的通道。特别要注意预留等候区的面积，要保证患者及陪护家属有足够的等候空间，并在完成检查后回到苏醒区进行观察，恢复后出院的空间。②医护人员与后勤人员通道，此区域为医护人员日常工作区，在空间上应包括：医护办公室、会议室、图像控制室、内镜消毒室、配件储存区及内镜诊室的通道。③内镜诊室区域，由若干个内镜室组成，在设置时既要从现实出发，也要考虑医院的规模与内镜中心可能的发展。在初始阶段至少应有上消化道内镜检查室与下消化道内镜检查室各一间，同时设置必要的辅助用房。这是中心的核心部分，必须加以重视。

3. 内镜中心的各要素设置要求

（1）肠镜与胃镜室的设置

肠镜室的面积每间在 $25\sim28m^2$ 为宜。在肠镜室内应配置专门的卫生间。胃镜室的面积每间在 $20\sim25m^2$ 为宜。空间内的主要设置为：内镜检查床、内镜主机、医生办公桌、图像终端设备与打印机等。

（2）ERCP 诊疗室

ERCP 诊疗室是开展十二指肠镜诊疗的空间。其面积应安排在 $60m^2$ 左右。分为两个区域。①操作区：可安排 $30m^2$ 左右，其空间内安装 X 光机一台、内镜主机一台，及配件储备柜，用于摆放 ERCP 配件。②控制区：主要功能是控制与操作 X 光机及内镜图像采集及医生讨论的区域。此区域内配置各类终端，医生可通过终端观察内镜诊疗疗程。此区域面积可安排 $20m^2$ 左右。

（3）VIP 内镜诊疗室

根据患者群的构成情况，医院可从实际出发，满足特殊人群患者的需求，开展 VIP 诊治服务。该类诊室可安排为 $100m^2$ 左右，形成内镜诊疗室与苏醒室两大基本构成。各自相对独立。且与其他内镜室相隔离，以保护患者的隐私。

（4）苏醒室的设置

以保证患者术后安全复苏的场所。中心应根据诊疗人数的规模设备苏醒室的床位规模。一般情况下，以 $4\sim6$ 张苏醒床位即可。每张床位应配置氧气与吸引气体接口若悬河，并有摆放心电监护仪的设置。床间间隔以 1.5m 左右为宜，并采用布帘或隔断区隔，以保护患者隐私。

（三）腔镜（内镜）消毒间的设置

腔镜消毒分为两个方面，一类需进行环氧乙烷消毒的腔镜，这部分工作任务可由消毒供应中心完成。一类为需要经过清洗消毒的腔镜。因此，必须在腔镜中心内预留消毒间的设置。洗涤严格按相关程序要求进行，通常为：初洗、酶洗、次洗、浸泡、精洗、干燥的流程进行，最后进入无菌储存区。消毒间内要有水源与压缩空气，以确保腔镜消毒工作的有序开展与清洗质量。

在规划腔镜中心消毒清洗间时，对于空间的面积要视清洗任务与设备多少进行规划，不一定要正方形或长方形，而应将设备的清洗流程进行规划后按要求预留水、电及压缩空气管道位置及相应的导管存放位置。确保腔镜消毒清洗质量及清洗后的防护要求落实，防止感染事件的发生。

六、功能检查科区域的规划与布局

功能检查科是多种超声诊断和心电检查设备集中的科室。如心电图、超声动态心电图、活动平板运动应激检查、腹部超声检查、血管超声检查、浅表部位小器官彩超检查和多普勒心脏超声、三维超声等新技术设备、经阴道（直肠）的腔内超声检查等。通常可进行肝、胆、脾、胰、肾脏、心脏、腹部、小器官、血管检查项目，有些医院还开展了超声引导下的肝内病灶、肾囊肿、胰腺囊肿、胸腔积液介入性诊疗工作，以及超声引导下肺穿、超声引导下胸膜活检、经阴道超声诊疗等工作。因此，功能检查科的功能要视医院专业特点及科室分工而定。其布局要视设备情况而定，也要视功能检查科的功能而定，根据门诊量、设备配置及发展远景确定规模。功能检查科的各个空间可根据设备不同而灵活组合，但基本要求是要满足患者与工作人员就诊与检查的需要。一般情况下分为三个区域，各区域具体要求如下：

（一）等候诊区

等候诊区分为一次候诊区与二次候诊区，一次候诊区可采用开放式，二次候诊区可设置于走廊内。该区域的大小要视任务量而定，并设有分诊台。分诊台按一般门诊分诊台要求设计，有排队叫号系统，电脑系统。

（二）工作区

根据设备的台数及未来可能的发展进行设置检查室。检查室内除要有设备台外，并有办公桌、检查床、打印机及微机接口。每个检查室强电要满足设备要求，弱电要满足院内联网要求。灯光照度按一般医用建筑的要求设计。各诊室的大小，要视设备功能与诊断与教学需要设置。

（三）办公区

要设置会议室、主任办公室与工作人员办公室、更衣室及卫生间等。在该诊区要根据工作任务设置值班室。并将强、弱电及空调系统安排到位。

（四）功能检查科

功能检查科的新风系统、空调系统及强弱电配置要从功能检查科的特殊性考虑。在设备配置的区域内空调必须保障，强电配置要考虑进口设备的插座的通用性，并预留插座。功能检查科的设备决定了装修的不同要求。如果在功能检查科内设置脑电图室，则应按照相关要求进行屏蔽处理。在平板运动室要安装氧气系统及急救装置，防止事故的发生。

七、病案室区域的规划与布局

医院病案室是住院患者医疗信息收集整理、审核、保存、查阅的空间。病案室的规模，视医院床位数与门诊量而定。标准化病案室的建筑要根据有利于医院临床信息流通的原则进行建设，使病案建设从位置、布置、空间等方面都适应信息管理发展。病案室空间规划应包括病案库、操作室、阅览室、计算机操作室、办公室。安排时应充分考虑发展的需要，有机地把病案室各工作间联结一起，根据实用原则进行布局。

（一）病案室设置要求

病案库是保存病案的主要基地，是维护病案的安全、延长病案寿命的基本物质条件。平均每 1 万份住院病案需用房面积 4.0～4.5m²；库房密闭性要好，库内辅以必要的现代化设施，温湿度要控制在有效范围内（温度为 14～24℃、相对湿度为 45%～60%），自然通风和自然光线充足，绝对不能设置成“死库”，有良好防火、防水、防尘、防潮、防虫蛀、防鼠咬等设施，减少不利因素对病案载体的侵害，保证病案的完整与安全。条件允许的单位，病案库应配备空调、窗帘、电风扇、自动消防系统、日光灯等。当照射病案光线太强时，关闭窗帘；而光线不足时，照明系统开始工作，库房有烟雾时，自动报警。在病案室内，在墙的周边每隔 1.5m，设一组强电插座。

（二）病案室的分区与装修

病案室一般分为病历接受区、病历检查区、病历阅览区、病历保存区。①病案接收区：主要功能是接受科室送达的病案，并进行清点，其空间要分两个部分，送达病历时的清点与接受以后的登记。②病历检查区：为医院专家组对全院病历进行检阅检查的区域，空间要大，每个空间可成条形分隔，每个专家要有一个椅位，并有强弱电插座，灯光要符合阅读要求；阅览区，主要供医护人员借阅病历阅读场所，这些场所要有必要的设施，供医护人员及来访人员查阅病历与复印病历。③病历讨论室：供专家及工作人员使用。设电话、网络接口各 2 个，每台电脑配强电插座两组。在墙体适当的位置要做成地柜，用于病历资料的摆放。④存放区：可成大空间布局，便于查阅。

（三）计算机室

病案室应与全院的信息中心相连接，建立局域网络系统，将住院病人出入院管理系统、财务管理系统、病案首页管理系统、病案统计系统、科技档案管理系统、人事管理系统、质量控制管理系统、门诊管理系统、公费医疗管理系统、药房药库管理系统等多个系统连接成一体。为高效、充分地利用丰富的病案统计信息资源创造有利条件，改变单机工作状态和部门级应用阶段，将储存全部病案录入计算机中，解决重号，彻底摒弃手工操作，实现医院各系统联网。同时可建立光盘病案管理系统。光盘病案占用空间少，检索速度快，保存时间长（100 年），可利用医院现有计算机和网络设备，阅读光盘。光盘病案是一种全新的病案管理方式，是 21 世纪病案存储的理想方式，也是病案室规范建设的发展方向。

医院的病案室应设置主任办公室，并与工作人员办公室相连接。在靠近主任办公室的外部墙壁上设置相应的电脑、打印机、电话接口，以方便办公与接待。

八、医用高压氧舱的规划与布局

通过输入介质——压缩空气或氧气，在密闭舱体内形成一个大于 1atm 的高压环境，病人在此高气压环境下进行吸氧治疗。故称之为高压氧舱。目前，我国高压氧舱的种类，使用数量，科技人员队伍，临床应用与科研成果等方面在国际上取得了令人瞩目的影响。

（一）医用高压氧临床上的作用

利用增加的压力来治疗潜水造成的减压症。利用高压氧增加的氧气分压来提供治疗。增加血液携带氧气的能力。在正常大气压时，氧气在体内的运送大部分经由血红蛋白，小部分经由血浆。在高压氧时，血红蛋白可携带的氧气提升不多，但可大幅增加血浆所能携带的氧气。

高压氧最主要的治疗适应证包括：难以愈合的伤口，如开完刀的伤口或糖尿病足；放射线造成的软组织坏死或骨头坏死；一氧化碳中毒；减压症；严重的厌氧菌感染；严重难以治疗的贫血；长期难以治疗的骨髓炎；加速伤口愈合；运动伤害。以上除一氧化碳中毒和减压症是急诊医学外，其余多为骨科学的范畴。

（二）医用高压氧设备的技术构成

氧舱由舱体、液氧储罐、压缩空气储藏罐、供排气及排氧系统、控制系统和辅助设备等构成。在大型医用高压氧舱的土建平面设计中，要注意下述问题：氧舱大厅内部正对氧舱门的位置不得设置任何支柱，地沟盖板与配电柜基础按常规设计。空压机的基础震动负荷为 2 吨。氧舱基础根据氧舱自重及水压试验下介质的重量决定。

（三）医用高压氧舱施工中应注意的问题

在整体施工的组织计划中，在完成施工图设计后，要严格按施工程序进行。氧舱、储气罐、储水罐的基础要先行施工，待完成安装基础后才能进行下一步的工程。在舱体、储气罐、储水罐就位前，应做好基础的校平工作，在确认合格后方可进行下一步工程。上下水管道要随土建施工同时完成。

空压机间需加装排风间不小于 $50 m^3/MIH$ 的排风扇。空压机房的装修要注意隔音处理。机房的门采用隔音门，墙体采用隔音材料装修。室内温度要控制在10℃以上。

为确保安全，舱体的接地要按规范进行设计。接地电阻＜4Ω，并采用热镀锌扁铁由接地网引至舱体基础平面处。

设计中要考虑氧舱地下室的排水问题，并将自来水管与阀门引至储水罐附近，以方便管理。

医用高压氧舱的运行环境要考虑空调系统的设计。一般情况下，医用氧舱系统要在0℃以上运行。

氧气的安装严格按相关规范执行。应采用直径25mm×2mm的紫铜管，由外部引至控制台底部，且保证供氧压力不小于0.6MPa。

医用高压氧治疗科的建筑设计中，要注意用电量的保障，高压氧舱群本身的用电量要根据设备的容量及功率要求进行配置。同时要考虑办公与大厅照明需求。照度按相关规划执行。高压氧舱本身的用电安装需要注意以下事项：所有电缆均需加保护钢管；配电柜基础内的电缆预留长度不得少于4m；控制台、氧舱所用电缆均需接至设备正上方，其他电缆的预留长度按设计需要。

在高压氧治疗科的建筑设计中，同时要考虑信息系统的设置。将传呼、电话、电视及医院管理所需的各类信息系统的布线要综合考虑，一次性完成招标工作，并将相关信息线路引入控制台。以保证安全与管理。

（四）医用氧舱的安装

应遵循下列程序：

①医用氧舱制造单位在氧舱安装前，须向设区的市级质量技术监督局特种设备安全监察部门提交施工告知书，并报送医用氧舱安装监督检验单位（如：江苏省质量技术监督局授权检验范围的医用氧舱检验机构），经审查认可后方可进行安装。

②安装过程须由医用氧舱使用单位所在地区有相应检验资质的检验单位进行安装监督检验。医用氧舱安装完毕后，监督检验机构出具"医用氧舱产品安装安全性能监督检验证书"。

③医用氧舱安装、调试完毕后，组织对医用氧舱验收。验收工作应有使用单位所在地区的市级以上质量技术监督和卫生行政部门的代表参加，并应聘请高压氧医学、质检、消防等方面的专家参加，验收后应出具医用氧舱验收报告。

（五）医用氧舱的登记注册

医用氧舱建成投入使用前，使用单位应按照《医用氧舱安全管理规定》《锅炉压力容器使用登记管理办法》等要求，持医疗机构购置氧舱前的论证报告、产品合格证、质量证明书、医用氧舱产品安装安全性能监督检验证书、医用氧舱验收报告等有关资料，在所在地区的市级质量技术监督行政部门登记注册，领取医用氧舱使用证、压力容器使用证后，方可投入临床使用。

（六）高压氧治疗科的公共区域与工作区设置

公共区域必须设置候诊椅，并有电视系统及传呼系统。能及时与患者进行沟通。同时应考虑在候诊区设置阅览室，供等候的患者休闲。医务人员的办公区与一般医生办公室相同，在办公桌面上应设置观片灯、电脑、电话、打印机插座等。有条件的单位，应在科室内设计学习室。大型综合性医院应设置教学室。并设男女卫生间、更衣室等。

第四章 医院住院部与医学
影像科建筑规划

第一节 住院部的建筑规划

住院部是患者住院治疗与康复的重要场所，是多数人生老病死的"驿站"，也是人类情感交汇的所在。无论是规划者或设计者都应将住院环境的设计作为患者家庭生活延伸的一部分进行规划。其空间既要方便患者的治疗与休养，更要从心理上使患者生活的空间有家庭化的氛围，既要安全、宁静、私密，也要方便、实用、科学。住院部的功能主要包括：各类护理单元的病房、护理站、治疗室、处置室、教学室、阳光室、医护人员办公室及特殊的治疗空间，如 CCU、ICU、血液病房等。下面着重从功能布局与流程的相关方面作详述。

一、住院部建筑平面布局形式与发展

住院部建筑平面布局形式发展有近百年的历史，各种几何形态、多种组合方式，可谓百花齐放。所处年代不同，住院部护理单元的布局形式风格各有区别，但其设计的初衷都是为方便治疗护理与保护患者安全。我国早期的寺庙医院、欧洲的教会医院都是以大空间集中设置病房，病人均集中于一个医疗场所内；到了南丁格尔时期由于护理学的进步，在欧洲兴起大空间一字形靠近墙体的布局形式，发展到后来的单走廊布局，双走廊布局，矩形、圆形的紧凑型布局等。这些布局形式的发展都与时代的科学认知水平与科技发展水平相一致的。感染控制科学的发展，使病房由集中走向分散；建筑学的发展，使高层建筑成为可能，护理单元可以进行叠加式建设，更大范围地节省土地；中央空调的发展，使双走廊成为可能；电梯发展，使高层建筑的交通物流更加方便；信息学的发展，使病区护理工作更加方便

快捷。

但无论哪种平面布局方式，都没有最好的结论。单走廊平面，其优点是病区的通风条件较好，南向的病房较多，但缺点是当护理单元床位较多时，护理人员的护理路径相对要长一些。回廊式的布局，能最大限度使用基地面积，也能使病房的辅助功能区集中布置，给护理工作的组织提供了方便，但是这种布局方式的问题是在护理人员较少的情况下，工作强度过大。受人力因素的限制，存在人力资源成本过高的问题。相较而言，紧凑型的矩形平面布局可以更加灵活地进行病区组合，有时可以将圆形与矩形相结合进行病区的组织。但是当护理单元发展到一定规模时，护理单元的规模越大，建筑成本越高，人力资源上也不经济。同时，还要考虑感染控制问题的解决。平面布局仍需在实践中探索。

随着护理单元平面布局的发展，病房的布局的理念也在不断更新。但基本的形式是单人间、双人间、多人间。目前，在国内医院建筑中，一般情况下均提倡以双人或三人间为主，并按医保要求设置多人间病房，以满足不同患者的要求。提出设置单人间的基本理论是：关照病人的私密性与舒适性的要求，在单人病房内，病人可以得到更多的休息，有利于病情的恢复，可以用于多种隔离，病人自由度较大，在病房内的休息时间比多人间的病人要多，医疗事故也能得到减少。通过单人间的设置，能减少住院病人在护理单元内移动性的开支，减少护理保洁的工作量。持不同意见的人认为，这样浪费了医疗资源。但无论如何，目前单人间在各大医院都得到了不同程度的推广。

为满足不同患者群的要求，不少单位在单人间的基础上发展了VIP病房，将病房按照家庭化的要求进行布局安排。不仅在设施上满足病人治疗与生活要求，并在家庭化上下工夫，使病房建设理念进入一个全新的时代。

在护理单元的规划中，走廊宽度与高度、卫生间的朝向、单廊与双廊、三人间与两人间等问题一直在争论中。规范要求每床建筑面积应≥30m²；病房开间≥3.4m²，并未给出统一的规定，目前也未能求得统一。关于护理单元走廊的宽度，有些医院在设计护理单元的公共走道宽时达到3.5m以上。一般研究表明，护理单元的走廊以2.3m左右即可，保证护理车在走廊的转弯半径要求。关于病房内的卫生间是放在阳台面，还是靠近走廊面。将卫生间设置在阳台面的主要理由是为了便于护理人员对患者的观察。在信息化发展的今天，床头传呼系统的设置，病房门的观察窗设置，较好地解决了此类问题。多数人认为，卫生间设置在走廊一侧为宜。关于病房开间的宽度，有些单位从地下停车场设置的考虑，将柱距设计为 8.4m，病房开间达到 4.2m。这种做法满足了停车场要求，但是病房内开间过宽浪费了面积也增加了投资。多数意见认为，病房开间以 3.9～4.0m 为宜，是一种经济适用的开间宽度，既满足舒适性要求，也节省了建筑面积。楼层走廊的高度在吊顶后不得低于 2.1m，病房高度不得低于 2.6m。病房门均为子母门。每间病房均设卫生间。每间病房的储物柜均设计为嵌入式，进入墙体内。对于公共部分的设计，除要有治疗室、处置室、污洗间、配餐间外，还要有家属谈话间、阳光活动室。每个病区要有两间病房的卫生设施可供残疾人使用。在面积允许时，可设病人餐厅。在护理单元设计中，对重点科室，如产科病房及产房、心内科、妇儿科、骨科和 ICU 病房，应进行专业设计，其他单元按一般规范进行设计。

二、护理单元公共区域的布局形式

如果是新建医院时，住院部作为独立的单体，内外科置于一栋建筑物中时，则住院部的布局与流程要考虑到内科与外科的楼层分布，外科与手术室之间的连接。通常妇产科与外科的层次要紧邻手术部，儿科为确保其安全，则应居于楼层的最下部，内科应在上层。一般情况下应按此分布原则进行科室的安排。如果内科与外科是独立的单体建筑，则在布局上重点考虑手术部、供应室与外科的各科室及手术室的联系方式。并考虑眼科及妇产科与手术部的关系。但在住院部中各区域公共部位装修的基本要求是一致的，病区装修则根据科室的具体情况、流程要求确定，这里重点讲述公共部位的流程布局与装修要求。

护理单元中的公共部分，主要指护理站、治疗室、处置室及开水间及医护办公室、污物处置室、阳光室等。

（一）护理站布局要求

在一个护理单元中护理站设置于哪个位置，一直存在不同的认识。一种认为设置于病区入口处，有利于接待住院病人；另一种认为，设置于护理单元中间部位为好，便于临床护理人员在出现紧急情况时能在最短时间内到达患者的床边。护理站设置于护理单元的中部优点多于设在入口处，对于缩短护理路径，提高护理效率有好处。护理站空间的设置应分为外部开放式的护理工作区与内部封闭式的护理辅助治疗工作区。该区主要包括：护理站台、治疗室、处置室、护士长办公室等，以方便治疗与护理准备工作的进行。

护理站的设计以采用两边开放布局为宜，既方便医护人员工作的便捷，也方便患者入院时的手续办理与相互交流。柜台的高度以标准的桌面高度80cm/79cm为宜。采用差次方法制作，高出桌面部分为打印机、计算机摆放位置。下部应将所有的强弱电的线路布置到位，同时在柜台的部分区间应设计病历柜与文件柜的位置，以保证该区域的整齐美观。近年来，诸多医院降低了护理站柜台的高度，便于患者咨询，体现人性化。柜台背后的墙体上，应有悬挂白板、时钟的位置，下部摆下表格柜等。在柜台墙体的贴角线上部的适当位置上设置电源插座，供病历牌显示装置用。在开放式护理区中，应根据需要设计水池等。

（二）护理辅助用房的布局及设施配置

辅助用房的布局既要符合工作流程要求，也要符合感染控制的要求。辅助工作区主要包括：治疗室、处置室、配餐间、开水间与污洗间。治疗室、处置室一般情况下要紧邻护理站。处置室要靠近污物电梯，以缩短污物运送长度。污洗间要与污物电梯紧邻，便于污物清洗处理。配餐间与开水间要设置于清洁区域，与餐梯邻近。可以在同一空间内设置配餐间与开水间。

治疗室主要用于配液与药品存放。空间上要注意空气消毒处理。要在治疗室的适当位置配置插座，供安装空气消毒机或空气净化箱。治疗室靠窗的一侧设地柜，在其平台上方的墙面上需要有2组电源插座，一侧设置一组药品柜，一侧放置冰箱，在墙面的踢脚线位置留电源插座2组。并要在适当的位置设洗手池。

处置室主要功能为医用器械的清洗浸泡、医疗垃圾存放区域。在处置室与治疗室之间要有一个通道，便于用过的器械与物品及时传递至处置室。处置室要设置浸泡池一组，内置水龙头（按龙头个数分割加盖），浸泡池的下水管道要满足排水的要求，柜盖及配件要耐腐蚀。并设洗手池一个、吊柜若干。要留出位置放置标识明确的污物桶。医疗垃圾要打包后经污物电梯运出，进行处理，不得对病区形成二次污染。

污物处理间，主要为病区生活污物集中与清洗的空间。应设置于靠近污物电梯与病区公共卫生间附近。内设污洗池、拖把池、便盆、浸泡池。墙壁上应设悬挂装置，并有下水口。同时应在污物间附近设置被服回收箱。由于护理单元的专科不同，各医院具体的要求不一，在护理站及其周边的辅助工作区有多种形式的组合方式，在设置中总体上遵循洁污分流原则即可。

在外科护理单元中，有的医院配置了换药室，有的医院则以床头换药为主，具体如何配置应根据住院部面积大小，综合考虑。骨科护理单元要在护士站附近设一石膏间，面积不宜过大，以节省空间。

在眼科、耳鼻喉科的护理单元中，当护理单元与门诊距离较远时，则应设置独立的检查室，并配置相应设施，如眼科的暗室、口腔科的治疗椅、耳鼻喉科的内镜检查室及腔镜清洗池等都要在护理单元设计时一并考虑。

（三）护理单元中办公用房布局与配置

办公用房包括：主任办公室、医生办公室、教学室、值班室、阳光室、库房等。其布局通常布置于整个护理单元的尽端或背阳的一侧，尽量让病房朝阳。

主任办、医生办，均需设置双联观片灯及电话、网络接口，并配置相应的强电插座；要有办公桌、书柜等。医生办公室，由于人员多，空间要大些，如采取集中办公的方式进行布局，则应按空间大小设置医生办公桌数，在每一个桌位上设置网络接口、投影仪、强电插座，形成完整的内部网络，便于电子病历与相关系统的使用。同时在辅助设施上要安排各种表格柜、白板，便于教学工作的开展。

教学用房：依据相关规范，如系教学医院，在医院总体规划时，应按每接收一个实习学员 $4m^2$ 的标准增加建筑面积。在护理单元建设中应当根据条件，设置教学空间，应有信息投影播放系统。在综合布线时，要进行总体的规划与设计。

配餐间的设置与装修：配餐间设置一般有两种考虑，一种是护理单元内同时设置工作人员就餐的场所与住院患者的配餐场所。工作人员就餐场所可设置与配餐间紧邻的空间内，不宜过大。还有一种是只设置患者配餐间。配餐间的设置应邻近送餐梯的清洁区域，有独立的空间，远离污物处置间。配餐间内部设计上要有开水池、洗碗池、污水桶及相应的桌椅、橱柜等。并在相对应的墙体上设置强电插座，供微波炉与冰箱的放置方便病人临时加餐。

凡有条件的病区，应在每个护理单元的适当位置设置阳光室，让患者在治疗之余进行休息交流与沟通。

医护人员的值班用房：每个科室都应设置相应的医护值班室。如果病区面积允许时医生值班室应分男女设置，护士值班室独立设置，并在其中设置更衣间、卫生间等。同时要将电话与电视接入其中。

（四）病房空间布局与配置

护理单元中的病房空间布局在轴距确定的前提下，病房内纵向距离按每2m布置一张床位为宜。病房应设置多人间、三人间、两人间及VIP病房，以保证不同层次人群的需求。病房内部配置：双人间、三人间病房应按床位，每床配病床一张，床头柜一个，方凳（或椅子）一张、陪护椅一张。陪护椅也可根据总床位的比例确定。VIP病房，每人配置病床一张，床头柜一个，椅子二张、单人沙发一套，办公桌一张（如系套间，则设沙发一组、小圆桌一张、坐椅若干），并配一个微波炉。

心内科的病房设计除按一般病房要素与流程设计外，如设置CCU病房，其数量应按综合医院建筑设计规范相应要求成独立单元配置，内部应设护理站、治疗室、处置室、医生办公室，并配置相应设施，以便于护理工作的开展。如医院设备配置DSA，则CCU病房要划出专门的区域加以规划。如安排在后期发展，则应在住院部建设中预留床位空间。作为大型综合性医院在建设中无论分区与否，都要预留发展区域，为科室建设奠定基础。

VIP病房的内部配置应根据科室的不同进行内部的配置，如必要的沙发、微波炉、电视等，对于特需的病房应配置秘书室、厨房等。

儿科病房：综合医院的儿科建设，在医院建设初期是否成立独立的护理单元必须慎重。一般情况下，如果当地居民地比较集中，年轻人居多时，则按规范进行儿科建设。在儿科病房的建设中主要应注意三个方面的问题：①病房的空气处理，在设计时要加以规划，可以在新风口设计高压静电灭菌系统，也可在儿科病房涂刷灭菌涂料。②根据产科的发展规模设置新生儿监护室，条件允许时，设置NICU病房，设计时要根据相关规范进行流程规划。③儿科病房的建设注意环境的童趣化，床头家具配置要注重安全性。其他与一般护理单元相同。

ICU病房：在住院部内作为一个单元，应与手术部临近。一般情况下，每100张床位设置2张ICU床位。在大型综合性医院中也可按专科设置ICU，但是ICU的规模原则上不得少于5张床位，以确保效率。

医用气体及输液轨道：在护理单元中，每个床单元必须有氧气、压缩空气及负压接口。如果为节省费用可以每个房间设置一个压缩空气接口。每个床位段均应有照明灯，输液轨道位于病床正上方，轨道基座吊筋必须与房顶水泥基础连接，输液轨道每套包括：轨道、滑轮、输液吊杆。每个病区要设置传呼系统，以便护理单元的日常管理。

三、产科护理单元的规划与布局

妇产科是多学科的集合体，与医疗科学、伦理科学、心理学等诸学科密不可分。涉及下一代的生命与健康，关系到千家万户的幸福，是一所医院综合能力的体现，也是学科建设上的重点。

一所医院的妇产科规模与医院的规模及门急诊量密切联系。当医院规模较大时，妇科与产科的病房必须分别设置，并充分考虑产科与妇科的联系与区别，从建设规模、要素合成、交通流线、设备配置、技术要求诸方面考虑该学科的特殊性，确保建设的质量。这里着重对产科产房护理单元的建设进行论述。

（一）产科建设应遵循的基本原则

1. 产科的规模要与医院的规模相一致

在综合性的公立医院中，产科病房的设置要有一定的比例。随着民营或合资性医院增多，其规模已不受其比例的限制，而是要根据当地市场的存量及医院可能争取到的份额进行产科规模的规划。

2. 产科的服务质量应随国家经济的发展有所提高

随着国家的经济发展，人民群众对医疗健康的需求日益增长，加之高收入人群的增多，在这样的条件下，专业化的产科医院应运而生，高档次的产房、先进的手段日益增多成为一种趋势。因此，服务水平与内容也应相应提高档次。

3. 产科的规划应遵从道德伦理

生育安全、个人隐私的保护、产妇心理的护卫，都是在进行产科规划建设时要考虑的相关因素。在综合医院中产科的规模一般为总床位数的 2%～3%。通常情况下与妇科为一个科室，分立而不分治，即在一个主任领导下开展工作。如果作为重点学科则应将产科与妇科分开。一般情况下以 40 张床位为宜组建科室。

4. 产科病房的设计要尽量做到家庭化

尽可能多地设置家庭病房，让产妇在家人的陪伴下完成生产过程，减少焦虑与不安。有条件的住院部应尽量将病房设置在靠近阳光的一侧，让产妇能直接看到户外的景色，舒缓产前的焦虑和不安。

（二）产科单元的要素与流程

产科单元由病房（母婴同室）区与产房区组成。其流程设置要符合产科的工作特点。从住院待产到生产、母婴监护及护理均应按流程要求进行空间的设计，既要为产科医护人员的工作提供医疗与护理的便捷，也要为住院病人的生产与生活提供方便与安全；产房净化流程要符合感控要求，从更衣洗涤到空气处理要建立符合规范的操作流程，以确保生产过程的安全。空间要素一般分为三个部分：

1. 病房（母婴同室）区

产科的母婴同室区需独立设置。因其人群是需要进行特殊医疗与护理的健康人群，又因其婴儿护理的特殊性，所以，与其他科室有所不同。母婴同室区应设置：抢救室、治疗室、处置室、护士站、男女更衣室、值班室、双亲接待室、医生与护士办公室、洗手间、污洗间等。并在产房附近，尽可能设置婴儿沐浴游泳室、接种室。必要时设置特婴室，应靠近护士站。产科必须增设的用房：产前检查室、待产室、分娩室、隔离待产室、隔离分娩室、产期监护室、产休室。如条件限制，隔离待产室和隔离分娩室可兼用。

母婴同室区的组成除设置少量的双人间外，应以单间为主，做成家庭式病房。产妇的分娩区应有陪伴分娩室。产妇在医生护护下进行生产，一名医生可以陪护1～2位产妇。室内可放产床1～2张。产科母婴同室区对外联系要设置独立通道，并实施监控管理，确保婴儿安全。产科应设重症监护室，以实施对高危产妇的监护治疗。每个护理单元可设置2张床位。每个床位设备带均应有氧气、负压系统及相应的电源插座、传呼系统等。VIP待产房同普通待产室，设备与陪护有所区别。除产房外其他所有的待产室均要有厕所。

隔离产妇分娩区应设置在产科病房的末端。其分娩室、待产室与普通产房相同。

2. 产科产房区

产房是胎儿脱离母体开始单独存在的第一个外界环境，必须清洁、安静、无污染源，并应形成便于管理的相对独立的区域。达到宽敞明亮、空气清新、设备简单适用，便于清洗消毒。产房区，包括产科手术室与产房，入口处应设卫生通过室和浴厕。待产室应邻近分娩室，宜设专用厕所。母婴同室或家庭产房应增设家属卫生通道，并与其他区域适当分隔。家庭产房的病床宜采用可转换为产床的病床。必须配备的用房有：婴儿室、洗婴室、配奶室、奶具消毒室。

医护人员的基本流程是：入口处应设卫生通过室和浴厕。经缓冲间，男、女更衣室、换鞋、洗手后，进入手术区，完成后原路退出。

产妇的流程是：经缓冲更衣、换鞋缓冲、进入待产区，分娩室。产后在产休区休息一段时间后再进入产科病房。待产室应邻近分娩室，宜设专用厕所。

一般分娩室平面尺寸宜为 $60m^2$，剖宫产手术室宜为 $5.40m \times 4.80m$。内部设置应按手术室一般要求进行配置，手术灯宜为活动式，可以在区域内进行调整方位。药品柜采用嵌入式，洗手池的位置必须使医护人员在洗手时能观察临产产妇的动态。新风要满足需要，产房、隔离产房均按III级净化进行设计，要符合卫生通道的需要；工作人员更衣室内要设置更衣柜、洗手池等。母婴同室或家庭产房应增设家属卫生通道，并与其他区域适当分隔。家庭产房的病床宜采用可转换为产床的病床。在产房的一侧要专设一间隔离产房，与内部的护理单元既相衔接，又相隔离，便于观察处理。如产科临近医院中心手术室，该区域可不设手术室，只设产房即可。待产室应设置于产房区域内。每床要配置设备带，设备带上设置：氧气、负压装置各1组、电源按每床2组配备。功能带上要设置摆放仪器的装置。

待产室内要设置护士站一个，规模可小些。护士站可配置电源两组；电脑一台、照明装置一组。所有的待产室均要有卫生间。护士站要设置于便于观察的位置，要以保证产房与婴儿护理为重点。护士站近旁要设置治疗室与处置室。治疗室内的设置要有药品柜、配液台、洗手池及空气处理机。处置室内要有洗手池、浸泡池、分类医疗垃圾装置等。

产房在末端或在一个相对封闭的空间内，有负压手术室、分娩室及相应的设施，与普通产房进行分隔。墙面可用瓷砖，也可用铝塑板，色彩要淡雅温馨。地漏必须是封闭式的。产科手术室旁设妇检室。设妇检床一张用于备皮，有药品柜等。室内有电源插座三组。灯光要满足操作要求。

产房的温度应保持在24～26℃，湿度在50%～60%为宜。并应符合空气净化处理的相关要求。

3. 辅助区域及设施

主要用房为：护士站、洗婴池、配奶室、抚触室、沐浴游泳室等。洗婴水嘴离地面高度为1.20m，并应有水温控制措施，防止发生烫伤事故。配乳室与奶具消毒室不得与护士室合用。配奶室按母婴同室、母乳喂养的要求，则不需设置配奶室。如产科与儿科在一起，儿科的NICU内应设置配奶室。内放微波炉、冰箱以及配奶桌、电烧开水器、电水壶等。配奶室要电源四组，水池一个，同时要用紫外线消毒装置。

（1）产房、隔离产房装修与配置的基本要求

墙面用材要便于清洗，内部设置按照手术室的要求，墙体上要安装情报控制面板，在产床的一侧有三联观片灯。顶部要有手术无影灯，每张产床一侧都要设置药品柜、器械柜，桌面式台柜一个，以方便消毒物品的摆放。不锈钢器械柜在手术部的一侧墙面嵌入。各类气体按规范设置于产妇头部一侧的墙面上，墙面层应具有不产尘、不积尘、阻燃、易清洁、耐腐蚀、耐紫外线照射、耐擦洗和抗菌、防火、防潮等性能。辅助区，如：处置室、配奶室等部位的墙面可用瓷砖，也可用彩钢板或铝塑板，色彩用暖色调。入口宜用自动门。吊顶材料：可采用轻钢龙骨（能满足上人需要），并进行隔音保温处理，面层材质同墙面。地面材料：采用可擦洗型、防火、耐磨的优质PVC卷材，厚度不小于3.0mm，污物走道为耐磨PVC卷材，卷材与地面之间用自流平材料，以保证产房内地面的平整度。如有妇检室则应在室内设妇检床一张用于妇检及一般

手术，备有药品柜等。

（2）产科沐浴触摸室的装修

要从产科规模与服务人群的层次需求考虑其装修的档次与内部设置。沐浴触摸室通常由游泳池、淋浴池、触摸打包台等三部分组成：

①婴儿游泳池：一般为桶式深池，用于婴儿的游泳与锻炼。游泳池的色彩：最好是乳白中带有蓝色（如淡绿等）而不是白色；材料质地要柔软；游泳池规格：高 50～55cm，宽 70cm，长 80cm；柜子下方应悬空，游泳池数量应根据需要设置。每个游泳池上有可移动或可转动水龙头 3～4 个于水池两侧；水管上有冷热水特别标识。淋浴池的规格一般要求：长 100cm，宽 60cm，高 35cm，与水池柜要配套安装。

②淋浴池：淋浴池与游泳池紧邻。用于婴儿游泳后进行冲淋之用，又称洗婴池。水池柜：高 80cm，宽 70～85cm；下方应悬空。材质为防水材料。洗婴池水嘴离地面高度为 1.20m，池内放 20～30cm 高的方凳（防水材料做成），方凳上加 8cm 左右的海绵，确保婴儿洗澡时的安全。池上装置：在距池平面的墙体上 40cm 左右设一淋浴龙头装置。同时应有肥皂架、小毛巾架和盒架等设施。设施的排列要根据现场的平面确定。

③触摸打包台：触摸床位于两池的背后的空间，用于婴儿在完成洗浴后的按摩与打包。由方形或长方形柜体组成，柜体或桌面下可以放物品。衣柜一组，可放置毛巾及护士洗澡衣等。打包台的一侧设置衣柜，放置洗澡衣、婴儿洗澡用品及消毒毛巾等。在触摸室内设置对讲装置，便于医务人员与产妇及家人联系，让家属做好准备，有序安排婴儿游泳、沐浴。

游泳池和淋浴池均以防水材料做成的柜体为支撑，长度按实际需要确定；婴儿沐浴间的设施可以购置，也可以由装修单位制作。触摸室应向婴儿家属开放，在沐浴间旁可设家属及陪护人员观察等候区，面对家属及陪护人员的一侧应是玻璃窗，淋浴室外放置吧台椅、会客桌及轻质椅若干。在触摸室内还应设置音响设备，以便在为婴儿触摸按摩时播放柔和音乐，稳定婴儿情绪。

（三）内部配置要求

产房、新生儿病房、待产室、抢救室及各病房的氧气、负压吸引装置及设备带，均要满足产科的要求。产房每张产床配置手术无影灯一台。如需吊装手术灯，要按规范设计做好基座预留。电源采用双电路互投供电，照明供电与动力线路必须分别铺设。供电线路从总配电箱接驳至设计用电的位置。产房、隔离产房与新生儿病房内的灯具必须使用符合洁净要求的气密型照明灯具。净化空调系统的机组必须做到低噪声，高稳定性，便于清洁；净化风管用防腐性能较好的镀锌板制作，要便于检修。送风过滤器质量标准同手术部要求。弱电系统包括：网络系统、电话系统、广播、有线电视以及呼叫系统，均应科学设计，方便适用。

沐浴触摸室的装饰：要充分考虑内部空气洁净度与室温安全控制要求。为确保婴儿在沐浴触摸过程的安全，要保持淋浴室内的空气清洁，室内的墙体上部应安装空气消毒机；中央空调要维持室温在26～28℃，否则应增加壁挂式空调，确保婴儿洗浴时的室温的稳定。照明应以吊灯为主或使用日光灯，光线一定要柔和，防止损伤婴儿视力。如果热水是由蒸汽转换的，则该区域内应设有防止蒸汽进入沐浴触摸室的措施。在进行婴儿沐浴与游泳室的建设时，必须注意设备的大小与水温的控制，一般要求在洗婴室热水的前端装有水温恒定控制设备，以保证新生婴儿沐浴的安全。同时，在设计游泳池时，要注意控制水流速度，相对确保水温的恒定。

空调系统与热水系统要考虑产科不同季节性的要求，热水系统要保证全天候不间断供应。因此，在建设规划中要与手术部、ICU等区域作为一个整体统一设计，避免建成后再行拆改，浪费资源。

四、重症加强治疗病房（ICU）的规划与布局

重症护理单元是综合医院实施医疗救治的特殊医疗场所，其规划与建设，既要从医院的全局考虑，也要从自身经济能力出发进行合理的规划。在总体规模确定的前提下进行重症监护单元的布局。重症监护单元可以集中建设，也可以根据专科的学术地位设置独立的重症监护单元。但无论是集中还是分散，都要确定与手术部、检验科、输血科及其服务科室的关联性及ICU自身的床位规模、基本布局、装备配置、净化级别、基本流程及其内部装修要求。当进行集中配置时，必须做到要素完整，符合规范，当进行分散配置时必须与科室的要素结合，保证医疗工作的有效进行。

（一）重症护理单元的规模与护理单元设置

ICU的病房数是根据医院等级和实际诊治患者的需要，一般以该ICU服务病床总数或医院总床位数的2%～8%为宜，可根据实际需要适当增加。每个护理单元以8～12张床位为宜。近年来不少大型医院实施的是按科室设置重症护理单元。在规划ICU建设时，要确定不同人群的要求，可以设置一定数量的单间，配置一些特殊性的装备供特殊人群之需。按专科分别设置重症护理单元有其好处，便于对危重病人的救治与管理，但是每设置一个重症护理单元就需要一套护理班子，在无形中也增加了人力资源的成本，如果一个医院重症护理病床少于15张以下的，不宜分专科单独设置，还是以集中设置为宜。对于重症护理单元的装备配置，应以病人为中心，配置任何装备都要以救治为目的，防止不适当追求豪华高档，浪费医疗资源。

（二）重症护理单元的基本要素与流程

重症护理单元的基本要素为：男女更衣室、男女值班室、卫生间、治疗室、器械室、处置室、医生办公室、主任办公室、护士办公室、护理工作站、谈话室、会议室、缓冲间、仓库、空调机房，以及必要的供电照明系统、净化空调系统、弱电系统（电话、网络、公共广播、有线电视、呼叫系统等）、医用气体系统、消防系统等。在空间允许的情况下，应在 ICU 设置示教室、家属等候区，并加以规范管理。

流程布局的原则要求：

1. 医患通道要分开

一是患者通道，主要供患者及工作人员在治疗期间的进出及患者家属必要探视时的通道，通道口设缓冲间，缓冲间内要设置更衣柜与鞋柜，以供工作人员更衣换鞋使用。二是家属探视通道，设有缓冲间与更衣柜。三是医护人员通道。依次设置缓冲间、更衣间、卫生间，医护人员通过缓冲后更衣进入。

2. 洁污流线要清晰

洁物可通过工作人员通道经缓冲间进入库房；污物及医疗垃圾均经过污洗间处理后进行分装进入外廊，直接送达污物间或直接由医疗垃圾回收人员运出，防止对其他区域产生二次污染。

3. 治疗间设置要符合规范要求

ICU 的病床位置应靠近外窗一侧，有充足的光线与良好的护理空间，保证病人在该区域内既能享受到好的医疗救治服务，也能有一个安全的救治环境。流程设置上要注意下述问题：按空间分设床位，为保护病人的隐私，在每张病床的一侧设置直轨，床与床之间通过布帘进行遮蔽。医疗床的展开空间要便于工作人员救治活动的开展。当床位的布局为敞开式时，每床的占地面积为 15~18m²。每个 ICU 最少配置一个单间，每间面积在 18~25m²，床与床之间的距离不能少于 1.2m；当床与床之间用隔帘相遮挡时，距离不能少于 1.3m。在床位的后侧则要求留出 60cm 的通道，供医护人员通过。独立的单间，每床面积不能少于 10m²，隔断要透明，便于观察与护理工作的进行。更衣室、洗手池、患者的入口处要有缓冲间。污物处置室与治疗室的通道要相邻，但污物流向必须是不可逆的。各空间内要对空气进行消毒处理。

4. 负压 ICU

如果在 ICU 内设置负压病房，则需要在病房的前端设置缓冲间，并采用独立的空调机组。每个 ICU 的正压和负压病房的设立可根据患者的专科来源和卫生行政部门的要求决定，通常配置负压隔离病房 1~2 间。

（三）各独立要素内的配置要求

1. 缓冲区

医护人员通道入口、患者通道入口、探视人员通道入口，均设缓冲间，并在缓冲间内设置更衣、换鞋柜，仅供患者与探视人员使用。工作人员入口处的缓冲间、更衣室、卫生间等独立设置，保证使用便捷。

2. 护理站

护理台的设置要注意下述问题：①要有网络接口、通信接口、传呼系统接口，便于开展工作；②要有一定的储藏空间，便于各类表格的存放，要注意其高度的设置，便于护理人员工作与观察，做到整洁大方。

3. 治疗室的设置

室内要有肿瘤药物配液台，最好设置超净工作台，以保证工作人员的安全与健康。有空气消毒装置、有药品柜、有洗手池。在治疗室的一侧的墙体上留有冰箱插座。室内要有一定的储藏空间。

4. 处置室的设置

要有浸泡池、储物柜、垃圾存放柜（桶），并进行分色管理。在邻近 ICU 的适当位置要设置病人卫生间（兼作污洗处理）。治疗室与处置室的空间最好用玻璃窗分隔，便于护理人员观察。

5. 主任办公室与医生办公室

按通用要求配置。必须有医生工作站，有观片灯、有网络、电话、传呼系统接口。并要配置打印机等装置。

6. 男女更衣室

要有更衣柜与洗手池，如果是独立的重症护理单元，则要在其内部设置淋浴设备。

7. 值班室

无论是单一的重症护理单元，还是综合的护理单元，都要设置医护值班室。并要有基本的生活配置与传呼装置。

8. 污洗间

要进行内外分隔，内部为污物倾倒、清洗处，外部为污物存放打包处，外部直接与走廊相通，污物及医疗垃圾打包后直接进入公共污物存放间，进行处理。

（四）辅助设施的配置要求

1. 医用气体系统

重症监护病房的医用气体有其基本要求。一般要求每床配置功能柱一个，或配置一个床位段的设备带。每个床位段必须有氧气接口、负压吸引气、压缩空气等终端及相应的电源插座。但在各个医院因经济能力的不同，或由于现场的环境不同，配置方式亦不同。当床头配置设备带时，设备带应进行通布，在设备带上分段按床位要求设氧气、负压吸引、压缩空气、传呼系统等终端及相应的电源插座。在设备带的上方的墙体上可做一平台，作为摆放各类仪器与设备的地方。如果现场环境不允许这样做，则应配置桥架式吊塔。可以一床一柱，也可两床一柱，分为干边与湿边。还有一种可以每床配置一个吊塔，功能比较好，但投入比较大，应根据医院的经济能力进行配置方法的选择。

2. 供电与照明系统

ICU需要有适宜照明强度与用电的安全性要求。因此，在设计上，电源必须采用双路互投供电。照明线路和动力线路必须分别铺设。保证急救时的安全，同时，在医疗场所的照度，必须达到350lx的要求，保证抢救时有足够的亮度。晚间可配有较暗的壁灯。或在床头设备带上配置日光灯。室内灯具必须使用符合洁净要求的气密封型照明灯。病房进出口两端应设置疏散指示及安全出口指示灯。在医生办公室要设置观片灯。在ICU内，应设置等电位接地系统。ICU空间内设备多、金属物体多，为了防止在供电系统三相负荷不平衡时金属物体之间产生电势差，应将这些物体按等电位要求连接起来并可靠地接地。

3. 净化空调系统

进入重症监护病房的患者，均为危重病患者，其治疗与生活的环境质量，直接影响到救治效果。因此，对于此空间内的空气洁净度要求相对就要高些，净化级别为Ⅲ级。因此，在重症监护病房内所有配备的净化空调机组必须为医用卫生型空调机组，不得用通用机组代替专用机组。风机应为低噪声，风机段底部应有减震装置。所有风管必须采用防腐性能良好的镀锌板制作，每隔一段距离应设检查口。净化送风口采用优质过滤器。机组内外任何部位不得存在二次污染源。机组的加湿应采用不孳生细菌、无污染的电加湿方式，并能保证重症监护病房内所需要的最大加湿量，以确保此空间内的空气净化质量。

4. 信息系统

信息系统是保证重症监护病房高效运行的重要保证。必须从开始就要将其列入医院整体规划建设的范围。其中主要包括：①电话系统：确保ICU和外界的联系，在相应的办公用房均设置网络电话接口。②网络系统：各辅助用房及办公室均预留电脑网络通信接口和电缆，可与中心计算机室和楼宇控制中心相连。③公共广播系统：整个系统包括多路广播。要求广播性能稳定，抗干扰性好，音质清楚。④有线电视系统：在医疗空间内增加有线电视，对一些病情好转中的病人可以起到辅助治疗的作用。在医护值班室装有线电视插座。⑤呼叫系统：满足护士站与医生办公室、男女值班室之间的呼叫对讲需要。

5.装饰选材

其墙体围护结构可以选用轻钢龙骨做支撑，外衬硅酸钙板，外贴铝塑板。也可做实墙，墙面可贴瓷砖，也可用抗菌涂料。地面采用 PVC 材料。但无论用何种材料都要便于清洗与管理，有利于环境清洁，配置的设施要坚固耐久，符合环保要求。

6.噪声控制

根据国际噪音协会的建议，ICU 的噪音不要超过白天 45dB（A），傍晚40dB（A），夜晚 20dB（A）。地面覆盖物、墙壁、天花板应尽量采用高吸音建筑材料。

五、新生儿病室及重症监治病房的规划与布局

新生儿病室与新生儿重症治疗病房（NICU）是医院儿科建筑规划的一个重点。一般综合性医院将 NICU 设置于儿科，也有医院设置于产科。但无论设置于哪个科室，都必须严格按设计规范进行内部要素的布局与装修，在设计上要由专业公司进行，以确保工程质量，确保患儿治疗过程的安全。

（一）新生儿病室

二级以上综合医院应当在儿科病房内设置新生儿病室。新生儿病室是收治胎龄 32 周或出生体重 1500g 以上，病情相对稳定不需要重症监护的新生儿的房间。其建筑布局应设置在相对独立的区域，病室建设应当符合医院感染预防与控制的有关规定，做到洁污分开，功能流程合理。要紧邻 NICU，符合感染预防与控制的有关规定。无陪护病室每床净使用面积不得少于 $3m^2$，床间距不少于 1m。有陪护的病室应当一患一房，净使用面积不得少于 $12m^2$。

新生儿病室应当配备负压吸引装置、新生儿监护仪、吸氧装置、氧浓度监护仪、暖箱、辐射式抢救台、蓝光治疗仪、输液泵、静脉推注泵、微量血糖仪、新生儿专用复苏囊与面罩、喉镜和气管导管等基本设备。有条件的可配备吸氧浓度监护仪和供新生儿使用的无创呼吸机。

每个房间内至少设置一套洗手设施、干手设施或干手物品，洗手设施为非手接触式。

在新生儿病室建设过程中，医院在建筑布局上要考虑新生儿病房与 NICU的关系。在邻近新生儿监治病房设置新生儿病房时是与重症监护病房一体化建设，还是分开建设，必须进行充分论证，一般情况下，可以考虑将其与重症监护病房一体化安排，这样可以充分利用人力与物力的资源。

（二）新生儿重症监护病房

新生儿重症监治病房，收治患儿一般都是病情危重，体重极低，机体抵抗力较差的，感染的几率较高，必须加强监护救治的新生儿。NICU 在平面布局上分成四个区域规划：①治疗区，分成重症监护室、隔离恢复室、隔离室。②护理区，分为护理站、洗婴室、配奶间、治疗室、处置室等。③辅助区，分为医生办公室、男女更衣室、值班室及器械室等。④家属等候区及探视区，在设计时要作整体的安排与考虑。各区域功能及配置要求如下：

1. 隔离监护区

主要收治有传染病的或疑似患儿。在一个大的区域内用透明材料分隔成单间，并设置空调净化系统，具有负压隔离监护室。

2. 新生儿监护区

分室设置，每室以 3～6 个保温箱为宜。为了防止感染，每个患儿要一人一箱一消毒。在室内间隔设置洗手池，护理每个患儿前或护理后都必须进行手消毒，以确保安全。室内的温度要控制在 28～30℃，相对湿度为 55％～60％。净化级别 10 万级。

3. 治疗恢复区

新生儿进行治疗后，在恢复阶段为防止新的感染，应在监护区内，建立恢复区，以确保治疗效果。其内部的设置与监护室要求一致，只需与其他区域作一般分隔。

4. NICU 护士站工作台

形式与大小要与 NICU 规模一致，所在的位置通视度要好，护士站左右两侧采用开放式设置，紧急抢救时能及时到达救治位置。护士站台内应配置相应的电话、网络接口，接入医院局域网；护士站台下能放置病历架。在邻近护士站的一侧要设置治疗室与处置室，处置室要与污洗间相近，对外要有缓冲通道。在护士站的周边以不妨碍交通为前提，选择一个空间摆放相应的器械。

5. 辅助区

主要包括洗婴室、配奶室、更衣间、污洗间、治疗室、处置室、器械间及男女更衣室。洗婴室的水质最好用纯水，严格控制温度，防止婴儿烫伤。洗婴室内要有婴儿换尿布与更衣的工作台及存放消毒衣、被、尿布的橱柜，要有存放抢救用药的器械柜，并在适当位置设置氧气及吸引、压缩空气的接口。配奶间，室内强电插座要保证冰箱、消毒柜、微波炉的需求，同时要配备工作台、开水壶，以保证配奶之需。更衣洗浴是进入该区医务人员的必需流程；在进入该区前必须进行洗手、更衣、戴口罩与帽子。因此，在区域划分上要有男女更衣室。在靠近走廊的适当位置要设置污洗间，并应有良好的通风设施，以确保能排除洗涤尿布及儿童衣服时产生的湿度和气味。

（三）新生儿病房与 NICU 装修注意事项

①所有设备的选用要注意噪声的控制，安全声音在 45dB 以下，夜间在 20dB（A）以下，以防止损害新生儿的听神经。因此，在选择各种设备与仪器时的报警声及器械碰撞均需注意控制。在装选择材料时要选用环保、吸声材料，以降噪，确保患儿安全。

②光线及照度要严格控制，不可长期让新生儿处于明亮光照的环境中，以防止早产儿的视网膜受损，要尽量减少光照对早产儿的影响。要避免灯光直射眼部。

③病房入口处应设置缓冲间，工作人员要经严格的洗手、消毒、更衣后方可入内。

④新生儿重症监护病房的面积按每张床位占地面积不少于 $3m^2$ 为宜；床间距不少于 1m。NICU 每张床占地面积不少于一般新生儿床位的 2 倍。

⑤新生儿病室及 NICU 的医用气体配置按展开的床位数，以设备带为载体，每床配置氧气接口、负压吸引接口各 1 个，每间病室内配置压缩气体接口一个，以及各类强电插座 4 组。

六、血液科白血病护理单元的规划与布局

大型综合性医院一般设置血液科。血液科的病房分为两个部分，一部分为白血病人治疗的普通病房，另一部分为需要采用严格控制措施的骨髓移植病人生活的空间，我们称之为血液层流病房。

（一）白血病病房的基本流程要求

白血病病人属于免疫力低下病人，是因白细胞不成熟，对疾病缺乏抵抗力的患者。白血病病人接受治疗的空间称为免疫低下病房，又称为白血病病房。白血病病房的基本流程要求是：医护人员在进入病房前需要先脱去外衣并洗手，在跨过一个低矮的门栏后换拖鞋或鞋罩，并穿上一次性的塑料衣罩，随后再进入设有脚踏开关的自动大门；病区内设有多个单人病室。有的病室还安装有双重门；两道门之间为缓冲区，设有专门的洗手池；洗手池为不锈钢可进行清洗消毒。病室门口设有一次性使用的口罩供应盒；医师在检查病人前先用热水洗手或戴手套。病室内不用窗帘，以免积尘，可采用内夹百页的双层玻璃。为了避免院内的交叉感染，该病区通常设计成独立的系统。

（二）血液层流病房的流程与要求

骨髓移植病人或重症急性放疗病人由于其治疗时间较长，一般要 2～3 个月，因此，在病室的消毒灭菌、护理管理方面具有特殊的要求，着重在防止感

染、切断传染链为目的。必须在专科中设置无菌病房，以满足治疗环境要求。

白血病层流病房的基本要素及环境要求白血病病房的整体布局要进行分区安排。病房要采取单间布置，并与护士站、治疗室、药浴室及相应的辅助用房成为一个特殊的护理区域。这个区域的洁净度从高到低、从内到外分成洁净区、准洁净区与污染区。并采取分流入口与内外廊分流。如果不设外廊，则要在室内设置探视系统，以便于家属与病人沟通与交流。分流主要是指医生、病人、探视人员的通道设置。通过分流入口及洁净度区分，从而达到确保病人有一个洁净的治疗空间（表4—1）。一般情况下病区分三个部分设计。

表4—1　　　　　　　　血液病房内空间内温、湿度及净化要求

房间名称	温度 （℃）	相对湿度 （%）	洁净级别	噪音 （dB）	静压 （Pa）	照度 （lx）
血液病房	22～25	40～60	全部百级	≤45	相对走廊≥7.5	150
洁净工作室	21～27	45～65	万级	≤48	相对外界≥15	150
洁净通道	21～27	45～65	万级	≤48	相对外界≥15	150
病人更衣室	21～27	45～65	十万级	≤48	相对外界≥5	150
病人药浴室	21～27	45～65	十万级	≤48	相对外界≥5	150

1. 层流病房的前区

主要由处置室、治疗室、医生办、护士站、体表处理室、敷料间等组成，为医疗区。

2. 病房区

患者用房是洁净的核心区，并与外部的治疗用房及辅助用房相连接。患者用房以单间为主，为层流间，在设置层流间面积时既要考虑到节省投资与能源，也要考虑到病人的相对舒适度及护理人员护理时的便捷性，每间面积以6～10m²为宜，装修材料要通透，窗台放低，色彩要淡雅，以减轻病人的心理负担。

3. 辅助区

医生值班室、护士值班室、备餐间、库房、污物间、淋浴间、卫生间、更衣间、机房等。

注：图中前区部分位于亚洁净走廊，物品通过传递进入洁净区，该病房于2000年投入使用。

（三）血液层流病房装修注意事项

1. 血液病房应注意环境的密封性

不得有任何渗漏现象发生。墙体注意垂直平整，墙体与墙体间的连接用小

圆弧过渡；装饰材料应满足无毒、无刺激物挥发、表面光洁、易于清洗与耐擦拭，防火阻燃，且膨胀系数小，缩水率低的要求。

2. 管理的便捷性与安全性

为确保血液病房的洁净，减少病人感染几率，在装修中将工作人员的内廊做成洁净空间，在玻璃墙体上打孔，将输液装置置于内廊中，这样可以减少工作人员进入病房的次数。在治疗室应配置超净工作台，并做好排风系统，以确保工作人员的安全。在配餐间尽可能配置清洗机及餐具消毒机。

3. 污物处置间的给排水处理

要注意污水的消毒处理。污物处理间必须设置管径较大的污物倾倒池。并修建足够深大的便器浸泡消毒池（如使用一次性便器，可不设消毒池）。病区内宜设净水系统，以确保安全。

（四）强弱电系统与医用气体

1. 强电系统

每个病房按大于 3kW 设置，墙面踢脚线以上四周分别设插座，每侧一组，每组中 220V3 个，380V 的 1 个。室内照明光线要柔和，室内外开关要能双相控制，以方便管理。

2. 弱电系统

血液病房全程由医务人员服务，因此病房内医患之间必须有畅通的联络。设计时要将传呼对讲系统作为一个重要的功能设备，保证双向传呼、双向对讲、定时护理、免提对讲及通话功能。有条件的应设置电视及背景音乐。同时还要解决好与家属通话的可视功能。

3. 医用气体

每个病房内均应配置氧气、压缩空气、负压吸引装置等。装修时，接口与墙体间必须密封。

（五）空气净化设置要求

血液病房内的空气洁净度要求比较高，一般情况下分为四级，其空气洁净度级别与细菌浓度（浮菌或沉降菌）两项指标必须同时满足表 4-2～表 4-4 所列标准：

表4—2　　　　洁净护理单元内用房空气洁净度级别与细菌浓度

级别	适用范围	空气洁净度级别	细菌浓度	
			浮游菌（个/m³）	沉降菌［个/（直径90）·（30min）］
1级	重症易感染病房	100	＜5	＜1
2级	内走廊、护士站、病房、手术处置、治疗室	10000	＜150	＜5
3级	体表处置室、更换洁净工作服室、敷料贮藏室、药品储存室	100000	＜400	＜10
4级	一次换鞋、一次更衣、医生办公室、示教室、实验室、培育室	无级别	—	—

表4—3　　　　　　　　　洁净护理单元设计参数

级别	名称	静压		换气次数	单向流截面风速	
		程度	相邻低级别最小压差（Pa）	对室外最小正压值（Pa）	（次/h）	垂直（m/s）	水平（m/s）
	100级病房	＋＋	＋8	15	＞25	0.18～0.25	0.23～0.3
	10000级用房	＋	＋5	15	＞15		
	100000级用房	＋	＋5	15	25		
	体表处置		—5	10	＞15		
	厕所		—10				
	污物间		—10				

表4—4　　　　　　　　　洁净护理单元设计参数

级别	温度		相对湿度（%RH）	最小新风量（次/h）	噪声［dB（A）］
	冬季（℃）	夏季（℃）			
	22～24	24～26	45～60	≥10	≤50
	22～24	25～27	45～60	＞5	≤50
	20～22	26～28	＜65	＞3	≤60

续表

级别	温度		相对湿度 （％RH）	最小新风量 （次/h）	噪声 [dB（A）]
	冬季（℃）	夏季（℃）			
	24～26	27～29	＜75	＞6	≤60
	22～24	27～29			

维持正压是洁净血液病房必须采用的重要隔离手段，一般情况下按照无菌病房、洁净内廊、治疗室、存品库、更衣室、外走廊（污物通道）、浴厕由高到低的顺序来控制压力梯度。血液病房的净化为100级，目前多采垂直层流的设计方式。以顶部送风，两侧或单下侧回风（房间宽度小于3m时可用单侧回风）确保病人在室内活动时，在任意位置上其呼吸线高度的空气均达到100级。层流病房采用独立空调净化系统，高效过滤平布，其满布率≥80％。风机应设调速装置或双风机互保，确保病人活动时有最大的风量，病人休息时风量最小。在洁净区内的浴室、厕所等要设置排风装置，使其保持负压状态。原送风系统与排风系统要有止回密封阀，防止空气倒流。同时对整个血液层流病区中的辅助区房间的净化空调系统要根据区域需要设计子系统，以确保安全。

七、烧伤科护理单元的规划与布局

大型综合性医院的烧伤科病房设置一般分三类情况：①重症烧伤病人的监护室；②非急重病人或轻度烧伤病人的病房；③完成自体移植或轻伤病人的恢复性病房。因此，在设计该科时要注意整体环境的安排，使各类病人各有专室，能有效防止感染发生，切断外源性的细菌污染，降低感染率。

（一）组成烧伤病区布局的基本要素

烧伤科除病人用房主要有：①接诊室：设置于科室入口处，与浸浴室相邻。②浸浴室：每8～10名病人设置一间，该室要求通风、保暖、干燥、有热水系统及浸泡容器。③治疗包扎室、手术室（可与医院手术部相邻）。④辅助用房有药剂室、物品库、洁净物品库、污物处置间、备餐间、医务人员更衣间、医护办公室、医护值班室等。烧伤科作为独立护理单元配置时，必须设置护理站、治疗室与处置间，烧伤加护病房也应以独立护理区域设置。

（二）烧伤病房建设中的分类要求

烧伤病人是易感染病人，采用层流洁净技术为开放性治疗创造了条件，也可缩短治疗时间。因此，为节省开支，烧伤病房应分类进行建设（表4—5）。

表 4—5   烧伤病区中区域温度参考值

部位	冬季		夏季	
	温度（℃）	相对湿度（%）	温度（℃）	相对湿度（%）
病区周围走廊	20	55	26	55
一般病房	24	55	24	55
急诊室、手术室、浴室	24	55	24	55
更衣室、服务室	20	55	24	55
重症者病房	30～32	35～45	26～30	35～45

1. 重度烧伤监护病房（BICU）

主要监护对象为大面积烧伤、易感染的病人。因此，病房宜设置有气密电动门的独立的单间病房，病房走廊宜设洗手池与记录台。外来探视通过观察窗，减少交叉感染。在设置监护病房时，除卫生间外，需在床边设计一个血透池与排放装置，以代替床边的洗手池。烧伤监护病房的消毒隔离、空气净化是降低其室内细菌浓度、防止感染的主要手段。空气净化需达到百级。由于人体大面积裸露，室温相对要高些，同时为防止噪声干扰病人休息，风机需进行智能控制，使之在白天与晚上具有不同的风速与温度。夏季温度 26～30℃；冬季温度 30～32℃；相对湿度为 35%～45%；垂直层流型的风速白天不低于0.25m/s；晚上不低于 0.15m/s。水平层流型的白天不低于 0.35～0.38m/s；晚上不低于 0.19～0.22m/s。同时，为保证安全，该区域要设置两台风机进行备用，一台故障时，另一台立即启动，以维持室内的无菌环境。换气次数，每小时 12 次。独立新风机组，对新风冷（热）三级过滤处理后送各循环系统。所用水源应进行灭菌处理。

2. 轻度烧伤病房

适用于烧伤Ⅲ度面积达 30%～40% 者，或者从重症监护转入者。其设备与监护室相似，床边血透排放池可不设，附加面积可适当减少。以 2～4 人一间房为宜。新旧病人应分室收治，净化级别可设置为万级或千级。具体视医院情况而定。

3. 一般病房

适用于康复者或轻度烧伤病人。应注意新旧患者分室收治，病室应靠近活动室，且不对其他病室产生影响。

4. 医护辅助用房

同一般护理单元。

注意：按烧伤常规，大面积烧伤患者采开放疗法，但冬季要有保温条件，层流室内不排除表面的污染，为防止接触感染，在使用中要对室内经常进行表面清洗消毒是一项重要制度！

第二节　医学影像科建筑规划

医学影像科是医院医技保障的核心科室之一。其建筑规划既要视医院的规模与设备的种类而定，也要根据环境评估要求进行设计与施工。在医院规模较大时，影像科应规划为一栋专用建筑；如果医院规模较小时，则应在邻近住院部与门诊区域之间的位置进行规划。基本要求是，医学影像科在医用建筑全局中必须是一个相对独立的环境，流线上要处理好与各相邻部门的联系，如：与住院部的联系，要考虑患者以不同的运动方式到达影像科的行动需求；与门（急）诊的联系，要考虑患者的行动路径、缴费、候诊、取报告等过程的便捷性，做到交通便捷、距离适当、方便患者。内部管理要规划好各类操作空间的相互关联性，同时要加强施工过程的监督管理，确保工程质量。下面所述各类大型设备的安装要求与尺寸标定均为工程实例，为施工组织者或工程管理者提供一种方法。

一、医学影像科区域功能的规划与布局

医学影像科平面布局的基本要素有：候诊区、分诊登记处与报告领取处、机房、设备间、操作间、准备室、治疗室、读片室、会诊室、教室、值班室及卫生间等。如开展介入放射诊疗的，还要在相对独立的区域设置介入门诊室、导管室、无菌间、洗手间、污洗间、观察室等；有条件的医院，要将医学影像科的外部做成开放式的。候诊处要根据每种不同设备所需诊疗时间区分为普放候诊区、CT候诊区、MRI候诊区及介入候诊区。每个工作区域内要尊重患者的隐私保护，设置必要的更衣间。工作间的工作流程：检查、图像处理、阅片并出具报告。同时应设有主任办公室、医师办公室和技师办公室，以及相应的辅助用房等。如果环境允许，医学影像科应与超声诊断科相邻，以便于科室之间的协调管理。

医学影像科空间要素与流程设计，应根据设备清单提供的设备种类进行排布，并根据各类设备不同的要求进行流程安排，要留有一定余地。同时注意环境色彩与灯光的设计，以方便医技人员观察与缓解病人的紧张心理。

通常情况下的医学影像科平面布局分为四个部分：候诊区、工作区、操作区、办公区。如果医院规模较大、设备较多时，必须设置独立的影像楼，接待

分诊等必须分层设置。

（一）分诊候诊区

该区域主要为患者预约登记候诊区。一般情况下可集中于一个区域，如果影像科的规模较大时，应将普放区与其他区分开设置，并在区域中分别设置分诊台，并有明确的标识系统。候诊区应相对较大。在候诊区的墙上有显示屏与叫号功能。分诊台的设置：如普放与 CT、MRI 分区等候时，可设 2 个分诊台，每个分诊台都应有电话、网络、打印机接口，并有相应的电源、网线等插座。

（二）操作区

目前在医用建筑设计中有两种设计方式：一种是独立式操作区，每台设备，每个空间分为机房、设备间、操作间。一种是通道式操作区，在机房相对独立的前提下，在靠近窗户的一侧设置通道式操作区。这种设计既可以节省空间，也可以节省能源。各个操作间工作上可以相互支持。可以充分利用自然光线。每个操作间设一操作台，紧贴观察窗放置。操作间设备有单独供电，室内有网络、电话接口，所有的机房都要严格执行辐射防护标准。机房门可采用具有连锁保护装置的电动门，操作间可采用平拉门。在操作间内可放 1～2 台干式激光打印机，可联网使用。有条件的应视需要在操作区附近设置准备间和卫生间等，相应区域放置更衣柜、洗手池及其他设施等，以方便患者。

医用诊断 X 线机机房设施防护的技术要求：医用诊断 X 线机机房的设置必须充分考虑邻室及周围场所的防护与安全，一般可设在建筑物底层的一端。机房应有足够的使用面积。新建 X 线机房，200mA 单球管 X 线机机房面积应不小于 $24m^2$，双球管 X 线机机房面积应不小于 $36m^2$。大于 200mA 以上的 X 线机机房面积相应要大些。此外，牙科、乳腺等 X 线机应有单独机房。摄影机房中有用线束朝向的墙壁应有 2.5～3mm 铅当量的防护厚度，其他侧墙壁应有 2mm 铅当量的防护厚度。设于多层建筑中的机房，其天棚、地板应视为相应侧墙壁，充分注意上下邻室的防护与安全。机房的门、窗必须合理设置，并与其所在墙壁有相同的防护厚度。机房内布局要合理，不得堆放与诊断工作无关的杂物。机房要保持良好的通风。机房门外要有电离辐射标志，并安设醒目的工作指示灯。受检者的候诊位置要选择恰当，并有相应的防护措施。X 光机摄影操作台应安置在具有 2mm 铅当量防护厚度的防护设施内。

（三）设备间

影像科所有的设备都必须在一个相对独立的空间内。机房的面积要考虑配套设施的安放和使用方便。某些大型设备除机房外还要有专门的设备间，如磁共振和 DSA 等。为方便病人，区域内最好有更衣室与洗手间。

DR 机房、CR 机房内应设更衣区，条件允许时应在该区域内设置卫生间，以方便病人。特别是乳腺机房的设置，要从女性的需求考虑，在机房的一侧留出更衣室的空间。乳腺机房的操作间相对要大一些，可兼做诊断室之用。

（四）办公区

一般应设置主任办公室、医师办公室、技师办公室、教室、读片室、会诊中心与夜间值班室，会诊中心可与教室设置成一体化，其面积大小要考虑影像诊断和教学需要。每个区域中都应有电话、网络接口和观片灯。读片室内根据工作量大小设置多台接入 RIS 和 PACS 的图文报告工作站和观片灯，以供书写诊断报告和审核报告。有条件者可在会诊中心设置 RIS 和 PACS 服务器，设置多幅面的大型电子显示屏，供科内和院内会诊讨论或教学使用。办公区各室内可沿墙设置每隔 1.5m 一组强电插座、1 个网络接口。

（五）治疗区

医学影像科经常需要进行特殊造影检查、CT 和 MRI 增强扫描检查以及开展一些特殊诊疗项目，要在相应区域选择合适的位置设置治疗室，治疗室内配置药品柜、器械柜和治疗用推车，并安装污物清洗池和洗手池；根据需要可配置小冰箱。治疗室要便于护理人员工作，并能进行污物处理。介入放射科的治疗区相对要大些，应分为无菌室、治疗室和污物处置室以及洗手间等，无菌室配置药品柜、器械柜等。此外，根据开展介入诊疗项目的情况，有条件者可开设 CCU 病床或观察床、设置护士工作站等。

（六）设备空间的装修要求

医学影像科的装修施工是一项具有特殊技术要求的工作，设备进场安装必须进行环境评估，施工材料具有特殊要求，不同厂家的设备有不同的技术参数，有时会因上述条件的限制，致使土建、辐射防护与磁屏蔽施工出现困难。从多年的实践来看，大型设备安装涉及的配电、供水、土建基础工作可以在设备安装前根据其共有特性及相关规范，按通用标准预先做好准备。

（七）影像科供水方案

1. MRI 室

设备间水冷室外机组供水（循环）；治疗室：污物清洗池（三联）、洗手池、洗拖把池；准备室：污物清洗池（三联）、洗手池；主任办公室：洗手池；医师办公室：洗手池；男更衣室：淋浴、洗手池；女更衣室：淋浴、洗手池；男值班室：洗手池；女值班室：洗手池；病人更衣室：洗手池；洗手间：男厕、女厕、洗手池（二联）、拖把池。并在公共区域卫生间内设置残疾人卫生间。

2. 介入放射科

男更衣室：淋浴、洗手池；女更衣室：淋浴、洗手池；治疗室：污物清洗池（三联）、洗手池；洗手消毒间：洗手池（三联）；污洗间：污物清洗池（三联）、洗手池、洗拖把池；洗手间：男厕、女厕、洗手池（二联）、洗拖把池。

（八）空调系统

影像科除磁共振的机房和设备间用精密恒温恒湿空调外，其他设备的机房、操作间和设备间要根据厂家提供的设备运行要求配置相应功率的空调和除湿机，部分地区因过于干燥还需要配置加湿机，确保温度和湿度在设备运行的正常范围内。

二、螺旋 CT 机房规划与布局

目前螺旋 CT 已经在医学影像诊断中得到广泛的应用。螺旋 CT 设备对于工作环境有一定的要求：一是要做好辐射防护处理；二是为防止手术感染，对空气要进行过滤消毒处理。因此，在影像科的建设中，必须分专业对设备环境进行评估，并在此基础上进行设计与施工。

（一）CT 机房平面布局的要求

CT 机房在平面布局上分为三个部分，一是机房，二是操作间，三是设备间。新型螺旋 CT 已经取消了专用的设备间。此外，考虑到患者的隐私与特殊情况，应在邻近机房处设置一个患者更衣间。同时在机房内部，要设置相关器械和用品摆放区，以确保环境的整洁与使用的方便。在进行平面规划时，首先要确定设备的型号及重量，以便在设计时对 CT 机房的基础的做法及承重提出明确的要求。对于水电线路的走向、压缩空气的安装位置，都要明确。特别是电路管线的埋设，要预留管道，并做好必要的辐射防护，确保安全。在机房的一侧墙壁安装设备带，提供多路电源插座以及氧气、负压吸引接口等，还要考虑紫外线杀菌灯的安装。需要在分诊台与各个操作间统一设置传呼叫号系统，要做好 RIS、PACS 与各台设备的网络连接，以便于工作人员与患者沟通，提高工作效益，方便工作的开展。

（二）CT 工作区的配电要求

电源电压：交流 380V±5%（三相＋零线＋保护接地）；

功率：100～120kW±（根据厂家提供要求确定）；

电源频率：50Hz±1Hz 电源输入阻抗：≤0.2Ω；

接地阻抗：独立接地≤1Ω；共用接地≤0.2Ω。

（三）环境要求

温度：18～22℃；相对湿度：40%～60%（无冷凝结露现象）。CT 机房的空调系统，需要满足 CT 机对环境温湿度的要求，确保设备的运行安全。

在 CT 操作间施工中，要注意环境的整洁与流程的合理，所有线路凡可暗埋的应入墙、入地。注意辐射防护施工质量。同时，要对病人治疗更衣的场所作必要的考虑。

（四）机房的布局要求

墙中线至墙中线：5100mm（W）×8000mm（L）。

内径尺寸：4860mm（W）×7760mm（L）（净高≥3200mm）；墙体厚240mm，实心砖墙，混凝土砂浆灌满缝，墙面粉刷 1mm 铅当量的防护涂料，预留门、观察窗及电缆穿墙孔；上下楼板为实心浇注混凝土厚≥12cm，按厂家设计要求于 CT 机架与床体基础处浇注混凝土厚≥12cm，表面水平度≤2mm（自流平－环氧树脂地坪，最大厚度≤8mm），并预留好电缆沟；再在上楼板上面及地面其余部分做 1mm 铅当量的防护涂料。

三、MRI 磁共振机设备机房规划与布局

目前在大型综合性医院中广泛应用的超导型磁共振成像仪对机房的设置与装修有特殊的要求。机房必须进行屏蔽，设备必须在恒温、恒湿环境中运行，因此，影像科在设计中对于磁共振机房的布局与安排必须经过评估后方可进行。屏蔽施工的主要目的是确保磁共振成像仪（MRI）正常工作，防止外界的磁场干扰以及设备本身的磁场外泄。做好机房的屏蔽处理以确保设备与人员的安全。

（一）MRI 机房的平面布局

磁共振机房应设置于一个独立的空间内，其中磁体间要进行磁屏蔽施工，安装在地面时，需挖地 30cm 深；安装在楼层中时，在楼板浇注时要预先下沉30cm，以便磁屏蔽施工。除本身所需的设备间、磁体间及操作间外，还需有独立的空间作为患者的候诊区和更衣室。同时在这一区域外侧要设置醒目的标识，提醒特殊人群进入该区时应注意的事项。在地面标高确认阶段要预留设备进场通路，跟踪监督标高和室内平整度，避免返工，浪费精力与财力。

（二）磁共振机房施工中的主要技术要求

屏蔽效能：10～100mHz，平面波衰减大于 80～100dB。绝缘阻抗：大于1000Ω；接地电阻：小于 1Ω；照度：操作间 30～150lx（可调式）；磁体间：150lx、350lx（二路）。

结构组成：六面板体、支撑龙骨（木）及壳体与地面绝缘处理，六面体采用厚度为：地面 0.4mm 的紫铜板，顶面、墙面为 0.2mm 紫铜板，焊接工艺为氩弧焊。接缝与孔洞的长边平行于磁场分布的方向，尽可能不阻断磁通的通过。屏蔽门、屏蔽观察窗、通风波导窗、电源滤波器应按照设备相关要求制作。室内的电器要采用抗磁吸顶白炽灯、信号传输板、波导接口、通风系统的接口和系统电缆槽及支架的配置与选择应符合屏蔽要求。

磁体基础施工中要注意的问题是：一定要做到墙面及地面的平整度及光洁度。在磁体基座回填土前，要对系统管线所需的管道进行预埋，管线要注意坚韧性，要保证所有系统管线从地下通过。直径 100 与 50 的至少各两根。并按规范分两次做好 2～4mm 的防潮层（双层），再做混凝土回填。地面为压光地面，每 2m 不平整度不超过 2mm，整体不超过 5mm；墙面与地面相同的要求。

（三）磁共振机房配电要求

磁共振电源要求：

电源电压：交流 380V±5‰（三相＋零线＋保护接地）；

功率：主机：120kW，空调机：50kW，水冷机：20kW；

电源频率：50Hz±1Hz；

电源输入阻抗：≤0.2Ω；

接地阻抗：独立接地≤1Ω；共用接地≤0.2Ω。

因设备生产商的不同，具体要求也各有不同。施工中应按设备说明书进行设计。

环境要求：

温度：15～21℃（安装精密空调）；

相对湿度：30‰～60‰（无冷凝结露现象）。

四、数字化多功能透视摄影机房规划与布局

数字化多功能透视摄影机可以进行各种造影和特殊摄影检查，还可进行各种常规介入诊疗，其机房与设备间的布局同普通 X 线设备基本相似。应按辐射防护要求进行施。

五、乳腺摄影机机房规划与布局

（一）平面布局及装修要求

乳腺摄影机用于软组织的 X 线摄影，其管电压一般在 25～40kV，在辐射防护方面有其特殊性，除了对乳腺摄影机自身的特殊要求外，安装的机房必须符合下列要求：操作区相对独立，使用专用机房，机房的有效面积要达到 24m²，四周墙壁、楼板和门窗的防护要达到 1mm 铅当量以上。同时，为造影和穿刺活检检查方便，要有相应的空间放置检查配件和器械，还要有病人更衣间，方便病人更衣与存放物品。其操作间应与诊断室合用，放置诊察床和摆放相关检查用品，并安装洗手池等。

（二）电源配置要求

电源电压：交流 220V±10％（单相十零线＋保护接地）；功率：20kW；电源频率：50Hz±1Hz（≤0.5Hz/min）；电源输入阻抗：≤0.11Ω；

接地阻抗：独立接地≤0.5Ω；共用接地≤0.1Ω。

（三）环境要求

温度：18～26℃；相对湿度：30％～60％（无冷凝结露现象）。

六、数字化 X 线摄影机规划与布局

（一）平面布局的空间设置

数字化 X 线摄影机（DR）的基本要求是操作间、设备间、机房。在影像科的布局中，应统一将操作间设置于机房外，通过防护观察窗进行操作。在许多大型综合性医院的影像科，机房根据需要独立设计，操作间是设置成一个大通道，便于操作人员相互交流。在各机房入口处有条件的都应预留更衣室，以方便检查并保护患者的隐私。

（二）电源配置要求

电源电压：交流 380V±5％（三相十零线＋保护接地）；

功率：100～120kW±（根据厂家提供要求确定）；

电源频率：50Hz±1Hz；

电源输入阻抗：≤0.2Ω；

接地阻抗：独立接地≤1Ω；共用接地≤0.2Ω。

（三）环境温湿度要求

温度：20～25℃；

相对湿度：30％～70％（无冷凝结露现象）。

七、数字减影血管造影机机房规划与布局

数字减影血管造影（DSA）是由电子计算机进行影像处理的先进的 X 线诊断技术，是继 CT 之后，在 X 线诊断技术方面又一重大突破。大型血管造影机能对全身各部位进行数字化血管造影，为各类疾病诊断提供标准。在 DSA监视下的介入治疗是当今世界上最现代化、最科学的治疗方法，它利用高科技材料制成的导管，在 DSA 监视下置入人体病变局部，通过导管将治疗物质输送到病变部位进行治疗。所以有创伤小、不开刀、恢复快、花钱少、效果好等优点。已成为继内外科之后的第三大治疗方法，解决了很多内外科无法解决的问题。

（一）DSA 导管室的平面布局的基本要素

DSA 在临床上已被广泛应用于呼吸、消化、神经、泌尿生殖及骨骼系统等的肿瘤和其他疾病的诊断。因此，导管室的设计及其功能要作诸多方面的考虑。如有必要必须分成两个部分建设，一是导管手术区；二是术后苏醒区。手术室除要设置必备的导管室、控制室及计算机室外，还必须有必要的辅助用房，如设备间、一次性用品存放间、办公诊室等。术后苏醒区，一般情况下，如果介入室独立的用于某一个科室，如为心导管室时，可以将 CCU 直接设置于心内科。此外，还必须考虑术后病人的苏醒与监护。

（二）DSA 的电源配置要求

电源电压：交流 380V＋5％（三相＋零线＋保护接地）；

功率：100kW；

电源频率：50Hz±1Hz；

电源输入阻抗：≤0.1Ω（每相）；

接地阻抗独立接地≤0.2Ω；共用接地≤0.1Ω；照明电两路供电（照明—应急/动力）。

（三）DSA 的环境要求

温度：20～28℃，设备间 15～22℃；

相对湿度：35％～70％（无冷凝结露现象）。

注：①动力电源、空调电源、照明电源、插座电源分开配置；

②详细电源要求及配电箱配置请参阅厂家提供的场地设计安装要求；

③电源电缆：0～15m［（4×35）mm²］；15～30m［（4×70）mm²］；30～45m［（4×120）mm²］；45～60m［（4×150）mm²］。

（四）干式激光相机电源配置要求

电源电压：交流 220V±10％（单相＋零线＋保护接地）；

功率：15kW±（厂家提供）；

电源频率：50Hz±1％；

电源输入阻抗：≤0.1Ω；

接地阻抗独立接地≤0.2Ω；共用接地≤0.1Ω。

特别需要注意的是，在上述各设备的电配置上，必须严格实行双电源供电，要按照接地要求做好接地保护。同时要注意，设备用电与其他用电的线路要分离，独立设置供电线路，避免电源启动时对设备的干扰，损害设备，造成不必要的损失。

（五）DSA 介入室施工要求

DSA 介入治疗区，其手术间内的空气净化按 30 万级净化要求进行设计施工。如房屋的层高不具备做净化条件时，可以用紫外线消毒装置对空气进行消杀处理。操作间的门应设置防辐射的电动门。设备间内要保持一定的温湿度。如果医院使用统一的新风空调系统，必须满足要求，在空调不用的季节，必须设置专用空调，以保障设备正常运行配电要满足要求。在更衣洗手处可设更衣柜、双位洗手池。器械准备间内设电源插座组。电动门和观察窗等防护部分，应由专业厂家设计施工，在完成防护施工后，再进行装饰施工。

DSA 手术室内面对观察窗墙的一侧设置氧气、负压吸引各两套。并有四组电源插座。DSA 使用 200cm×90cm 铅玻璃做观察窗（观察窗的大小应视墙体的高度与宽度确定，一般情况下按前述标准制作）。

如果医院有两台以上介入设备，则应设置专门的苏醒室，以保证病人的安全。

1. DSA 的防护要求

在工程施工中，对于 DSA 平面流程要素中，主要应考虑设备机房安装与操作间的防护要求，一般要求如下：

①DSA 设备电源供电：要考虑从变压器单独放线，并考虑电线直径，即电源内阻；可靠接地及单独接地。

②辐射防护：主射线方向的墙壁和门窗的防护应达到 2mm 铅当量以上。

③实心墙体厚度 23cm 或 37cm，混凝土墙体厚度≥20cm。

④机房与操作室之间的隔离物应具有相当于 2mm 铅当量的防护要求。

⑤控制室与机房之间应安装不小于 200cm×90cm 的相当于 2mm 铅当量的铅玻璃制观察窗。

⑥机房与操作室之间应有沟槽连接，以便电缆线能顺利连接。

⑦机房地面载荷要求每平方米承重符合机器自重要求，机器安装的基座处要保证地面水平度。

2. 装修材质要求

（1）DSA 治疗室内的装修

其四壁必须按国家相关规范进行防辐射隔离处理。四壁墙体经防辐射处理后，其表面可用铝塑板进行封面，便于进行清洁处理。地面可用易清洗的橡胶地板。

（2）吊顶材料

DSA 的吊顶桁架必须由专业公司设置。所有装修部位的吊顶材料要求采用轻钢龙骨（能满足上人需要），并进行隔音保温处理，面层材质同墙面，规格满足设计规范要求。

（3）地面材料

DSA 手术室外地面采用可擦洗型、防火、耐磨的优质 PVC 卷材，厚度不小于 3.0mm，污物走道为耐磨 PVC 卷材，卷材与地面之间用自流平材料，以保证地面的平整度。其他所有项目的地面及办公用房、卫生间、污洗间采用防滑地砖铺贴。以便于清洁处理。

3. 供电照明要求

①每个装修项目的用电必须具有可靠性，应采用末端切换双路电源，应设置备用电源，并能在 1 分钟内自动切换。

②DSA 手术室内用电应与辅助用电分开，每个手术室内干线必须分别敷设。每间普通手术室配电负荷不应小于 8kW。

③墙面设两组电源插座面板、每组电源插座面板含 4 个单相插座（220V、10A/16A）两个接地端子，其中要在手术床头部附近地面设（220V、10A/16A）五孔防水地板插座一组。辅房区均设二、三孔插座 2 组。

④照明应采用嵌入式洁净气密封照明灯带组成，禁用普通灯带代替，灯带必须布量在送风口之外。洁净走廊应设置应急照明灯，照明应采用多点控制。

⑤手术室设计平均照度应在 350lx 以上，准备室为 200lx 以上，前室为 150lx 以上，均设荧光灯具，配置电子镇流器，手术部洁净区照明由洁净气密型灯带组成。

⑥总配电柜，应设于非洁净区。每个手术间应设有一个独立专用双路配电箱，配电箱应设在该手术间清洁走廊侧墙内。

⑦控制装备显示面板与手术间内墙齐平严密，其检修口必须设在手术间之外。

⑧洁净手术室内禁止设置无线通讯设备。

⑨总电源线为双路切换电源，电缆线、线槽、套管等材料造型及敷设要符合设计规范标准。

八、直线加速器放射治疗用房规划与布局

直线加速器是一种把高能物理应用到医疗技术上用于治疗肿瘤的手段，是治疗肿瘤的新的放射疗法。虽然医用直线加速器对肿瘤病人有良好的治疗效果，但如果防护使用不当，在使用中所产生的高能电子辐射也会给医务人员或周边环境产生危害。因此，在建设直线加速器用房时，对其防护及装备的安装设计必须采用严密可靠的安全防护措施，以保证工作人员和公众的健康与安全。

（一）直线加速器的治疗室施工设计要求

直线加速器空间总面积包括治疗室与控制室为470m^2，其中治疗室、控制室的面积不得少于70m^2。设计中按主照墙有效线速投照阴影部分（按30°射角，投影宽度为5m）采用混凝土厚度为225cm，其余部分墙体厚度为160cm。直线加速器可作360°旋转，射线机可从机房顶棚泄漏直接照射楼层上部。因此，顶棚混凝土防护也要达到225cm厚度，混凝土均采用硫酸钡重晶石及硫酸钡砂。为防止高能X射线及少量中子产生从门泄漏，门采用防X射线及中子防护自动控制门。为了防止射线泄漏，凡进出治疗室的各种管道均应预留，不可钻孔，决不能泄漏。否则后果极为严重。

关于直线加速器的墙体厚度相关资料所显示的不太相同。如：某市中医院直线加速器机房面积15.85m×13.75m，为防止直线加速器工作时射线漏，保护医护人员及周围人员的健康，直线加速器机房的侧板、顶板、底板厚度设计进行了加厚：其中底板厚度为1.2m；顶板厚度为1.2m（类梁截面为2.4m），侧壁厚度为1.4m（类柱截面为2.6m）。

因此，医院在组织直线加速器的土建工程时要与设备供应商进行充分沟通，了解相关规范，防止造成工作的失误与浪费。特别要强调的，所谓的墙体厚度，并不是所有直线加速器的墙体厚度是一成不变的，而是要根据医院所采购的设备规格相关联。表4-6所显示是直线加速器的防护要求及机房面积参考数据：

表4-6　　　　　直线加速器防护要求与机房面积参考

设备规格	主防护墙厚度	次防护墙厚度
10MV	2300mm	1200mm
15MV	2.500mm	1300mm
18MV	2.700mm	1400mm

以上防护墙厚度的推荐是以2.35t/m^{3}混凝土为例进行计算的结果。不是统一标准。各地区对防护要求有差异。使用的混凝土标准不同，墙体厚度有可能发生差异。因此，图纸要由设计院设计后报环保部门审定后为准，防止重复工作。

直线加速器建筑总面积为270m^2，这是一个总体规划的基本数据，在具体建设中，应将设备间、操作间、办公区的面积分配。机房尺寸的推荐（表4-7）：

表 4—7 　　　　　　　直线加速器机房尺寸示例

分类	推荐尺寸	最小尺寸（双隔断门）	最小尺寸（单隔断门）
机房面积	7m×8m，高 4m	6m×6m，高 3.2m	5.5m×6.2m，高 3.2m
控制室面积	4m×5m	3m×3.2m	
水冷机房	4m×3m	2.2m×2m	

（二）直线加速器环境温度设计要求

直线加速器对环境温湿度要求极高，如条件可能，必须采用恒温恒湿空调。制冷量除按常规计算外，需加上直线加速器设备的发热量 8000kcal/h，这样才能保证制冷效果。其他一些辅助设备的发热量 1000kcal/h，这样才能保证制冷量的计算合理。此外，由于加速器长时间使用时会产生臭氧，因此，除了空调系统中需要补充一定量的新风外，还需在其空间内安装换气扇，风量在 300m/h 左右。每小时换气 2～3 次。废气从屋顶排出。

空调要求：机房应用柜式空调或挂壁式空调，用户隔断板前后都有空调口，并尽量做成上进下出，前后侧都要安装空调。后侧为 5P 空调，前侧为 3P 空调。控制室可按普通空调设计。机房空调应 24 小时不间断，温度要求为 22～24℃，水冷机工作温度 5～40℃。空调的风管要贴着顶板并沿墙布置，以防止影响吊顶高度与工字梁的使用。机房通风以 10 次以上为宜，（国家标准 3～5 次），确保室内环境有较高的舒适度。

直线加速器的运输通道及吊装的具体要求：

机房位于地下室时：①预备设备的吊装口为 3m×4m；②运输通道高度不低于 2.5m；③地下室顶棚预留起吊吊钩，预备起重吊车；承重不小于 2500kg，通道高度不小于 2.5m。

机房位于地上一层时：①拆木箱后入口尺寸 1.6m×2.2m，预备起重吊车；②不拆木箱入口尺寸 2m×2.5m，顶棚预留起吊吊钩，承重不小于 2500kg。

加速器通风空调的要求：①中央空调。机房内用户隔断板前后都有空调口。②柜式空调或持壁空调。用户隔断板前后都要安装空调，后侧 5℃，前方 3℃。③控制室可按普通空调办公室设计。④机房温度 22～24℃（24 小时），水冷机工作温度 5～40℃。

加速器通风的要求：①用户隔断板前后都有进风口与出风口，建议上进下出。②风口应紧贴顶板并沿墙布置，以防止影响吊顶高度与工字梁的使用。③通风每小时 10～12 次，风管布置由专业设计院设计完成（国家标准 3～5 次）。

加速器电器的要求：

①直线加速器设备总用电量 42kW：其中，加速度 30kW（三相五线 60A）；真空泵 2kW（单相电，10A）；水冷机 10kW（三相五线，20A）。②设备接地：直线加速器设备要求独立接地，接地电阻不小于 10。③其他辅助用电（照明、插座、空调、风机等等）均需另外提供。④SYNERGY XV1 电源要求：32kW（三相四线，64A）。

直线加速器温度与水的具体要求：①湿度要求：机房内湿度保持在 30％～70％，建议在机房内配置除湿机（特别是机房建在地下室的）；水冷机房湿度保持在 20％～80％；②水冷机房内预留水源与地漏，出水口直径 20mm。

（三）直线加速器供电设计要求

直线加速器的供电采用双电路供电，同时要加上一台 32kW 的稳压器。计算机控制部分采用 UPS。在配置时，采用 32kW 配电与 1kW 的 UPS 不仅能够满足直线加速器主机的工作用电要求，而且其辅助设施的供电也能得到保证（水冷机组的供电量为 6kW，其他一些辅助设施的用电量为 2kW，恒温恒湿的用电量不计算在内）。直线加速器的加速管是真空管，它由一台真空泵 24 小时为其服务，因此两路供电能保证真空泵的正常运转。此外，直线加速器的照明、定位工作灯、计量检测设备、影视监视器、对讲系统、出束指示灯及维修插座等，设备供应商提供的图纸往往都是示意图，但这些设备都有其专用功能，而且它们的位置、控制要求很高，因此，安装时需要根据设备的原理与要求及现场情况另出施工图，明确各类线路走向、标高及安装方法。同时还要注意强弱电隔离，防止控制信号受到干扰，影响治疗效果。

（四）直线加速器的水系统设计

直线加速器的加速管对温度十分敏感，温差变化超过一定范围会影响直线加速器的出束剂量，也影响对疾病的治疗效果。虽然加速器内部有一恒温系统控制加速管－冷却水的温度，但用自来水作为冷却水达不到要求。直线加速器的冷却水必须经过过滤处理。为了保证整个系统的正常运行，采用由水冷机组冷却与水过滤处理相结合的方法对水进行处理后再对加速器供水，以保证加速器的正常运行。但是无论是用自来水还是循环冷却水，都必须设置一个自然排水口，用来排出冷却水或循环水的更换。为了保证如直线加速器循环冷却水的质量，冷却水每半年必须更换一次。

（五）直线加速器安全防护方面的设计

如直线加速器的最大放射量为 16meV。如防护不当不仅影响治疗效果，也会给人带来伤害。为防止直线加速器使用中给人带来伤害除了在发装过程中考虑安全措施外，还需在设计中从确保安全入手，强化安全指示系统的设计与落实。主要应从以下三个方面加以重视：

1. 对防护门的要求

严格安装质量，确保防护门未关到位时，加速器不能打开（出束）。防护门采用连锁。工作是红灯显示，门打不开；待机状态下绿灯显示；同时设置安全装置与紧急停止、点动按钮，防止在防护门开关时造成挤伤。

2. 各类管道周围的混凝土必须密实

水、电等管道穿越防护墙时，在预埋时需同水平面成 30°～60°，或呈阶梯状。风管在穿墙时必须制成阶梯状，并且风口的尺寸不大于（300×300）mm²。各类管道周围混凝土必须密实，以减少电子束的泄漏量。确保治疗室外的放射量在 2.5pGy/h 以下。

在治疗室内要设置报警装置，设置危险区等相应的警示牌，以免有人被误关于室内造成危险。

（六）直线加速器的工作环境的具体要求

1. 温湿度控制要求

①当设备运行时的室温要求：25℃±5℃；当设备不运行时室温要控制在 0～40℃范围内；温度变化范围应＜3℃/h。②湿度要求：40%～60%（相对湿度）；湿度变化范围＜5%/h。

2. 配电电源的要求

①电压/频率：三相五线制 AC 380V/50Hz；②电压/频率允许变化范围 5%/Hz；③功率 30kW，其中主机用电量 22kW，辅助设备用电量 8kW；④接地电阻＜4Ω。

3. 水质要求

冷却水流量，每小时 15L 以上；水压：0.1～0.5MPa；水温 6～12℃；水质必须是过滤水，电导率（25℃）≤5μs/cm，pH 为 6～8。并有自然排水。

4. 防护与安全要求

泄漏到治疗室外的射线剂量小于 2.5μGy/h。

九、医学影像科管理与维护通用要求

医学影像科作为医院大型设备最多最新技术最集中的科室，规划与设计不仅要符合现代化、信息化医疗需求；而且在医院发展过程中，大型设备始终处于更新与发展的动态过程中，因此，规划建设需要加强管理，不仅要考虑维护需要，还要考虑更新需要，要确保在不影响正常医疗的情况下迅速搬迁科室的各种大型医疗设备，是医学影像科在建筑与发展中的一个重要课题。通常情况下，医学影像科建设中，要注意以下三个方面的问题：

（一）科学进行选址规划

影像科的地点既与门诊病人关联，也与住院病人关系密切，也与环境要求相联系。在门、急诊量较大三级医院可分为门诊影像科和住院部医学影像中心两部分。其基本要求是：

1. 选址应遵循"两近两远"的原则

既离相关检查和治疗科室近，方便病人就诊；离配电房或变压器近，降低电源压降；离居民区远，防止意外辐射；离电梯或汽车远，避免磁共振磁场的均匀性或系统的正常运行受到干扰。

2. 空间规划要参照医院的规模与设备的发展

近年来，不少医院在发展中，因设备的增多，将影像设备分散在不同的场所，不仅给管理带来不便，也给设备的安全运行带来影响。因此，在影像科的整体规划中应预留空间。对影像科周边的科室安排要从全局策划，将易于搬迁、设备不多、空间相对较大的科室安排其周边。在设备科规模扩大时，可在原址进行空间延伸，保证影像科建设的整体性。

3. 平面布局要做好系统分区

在床位规模相对不多的三级医院，影像科应相对独立设置的。在医疗建筑的全局规划中应考虑门诊病人、急诊病人、住院病人三者之间的关联性。并要关注随着医疗床位规模的扩大，影像科设备的增加所需的空间安排。整体划分为：核磁区、CT 区、普放区，将一次候诊与二次候诊区别开来，将放射检查与读片、取片区分开设置。既要方便患者，也要方便临床科室。

4. 根据管理模式做好流程设计

当医院床位规模较多时，应果断将门诊影像科与院部影像科区分设置。门诊影像科设在门、急诊大楼内，由登记室、透视室、DR 拍片室 CT 室和诊断报告室组成（由于激光干式打印机逐渐普及，门诊暗室将不再需要），24 小时负责门、急诊病人的拍片、CT 检查。住院部医学影像中心可设在住院部大楼内或单狗的影像中心楼中，由放射科、CT 室、MR 室、介入室四个部门组成，整个影像中心布局要兼顾各部门的联系和统一，更系统、更方便。各部门可根据病人流量的大小，设立相应的病人候诊区。登记室要设在候诊区和检查室之间，方便病人预约、登记。由于影像科拍片、存储逐步实现数字化、信息化，存片库和暗室将不再列入设计规划范围。

（二）规范安排机房建设

影像科大型精密设备对场地和环境要求严格。在建筑设计时就必须考虑到设备对环境和土建的特殊要求，避免设备运输、安装与土建发生矛盾。建设中工程与技术人员要注意以下几个方面：

1. 要加强与科室、设备供应商与设计单位的沟通

影像科是设备的直接使用者，在规模较大的医院中，新进设备时，影像科负责人要仔细阅读施工图纸，将本单位大型设备（如 CT、MR、DSA）的外部尺寸、重量、空间走向提供给施工设计单位，对不符合设备要求的地方及时提出疑问和建议，提醒设计人员修改设计方案。在新建医院中，工程组织者不仅要与供应商沟通，也要请教其他医院的影像科领导，从他们成功与挫折中吸取经验，把自己的事做得更好。

2. 要按规范确定机房面积

机房面积的大小，除容纳机器及辅助设备外，必须有足够的空间方便病人（包括手推车与担架床）进出和工作人员操作。CT、MR 的检查室面积不小于 $20\sim25m^2$，操作室、设备间面积各在 $8\sim10m^2$。检查室与操作室的观察窗离地高度为 800mm，面积不小于 800mm×1200mm，坐在控制台前应能无障碍地观察到检查室内病人和机器的大部情况。用于放置设备电源线、地线和信号线的电缆沟截面积为 200mm×200mm，各机房和办公室之间预埋网线和光纤。

3. 要充分考虑机房高度与设备运输的关联性

机房高度一般不低于 2800mm，带有天轨立柱的 DSA 机房高度应适当高一些。为便于 CT、MR 等大型设备的安装运输，机房大门装修前的高度不低于 2200mm，装修好的高度在 2000mm 以上，宽度也应在 1500～2000mm。在设备进场时，门的宽度与高度，要做好预留，防止设备进场时对已装修完成的墙体进行拆除，造成不必要的浪费。

4. 要弄清设备的长、宽、高与重量

特别是 CT、MR 机架的重量都在数吨以上，CT 或 MR 扫描室的地面必须有足够的承重能力才能保证机器的安全使用。在机房建造或改建时，可在预放机架的地方用混凝土浇筑基座。如机器放在楼上，则更要预先计算楼板的承重，作适当加固处理。新建的影像科，对上述设备的重量与安装要求要弄清，预留基座，以免建设中地面抬得过高，影响设备的使用与操作。

5. 要严格进行防护规范要求

根据不同设备要求，采取不同的防护与屏蔽措施，确保在验收合格的投入使用。影像科的 X 线机和 CT 机均为射线装置，机房建筑必须符合国家《医用 X 射线诊断放射卫生防护标准》。要求机房面积应足够大，控制台与检查（治疗）室分开，墙壁 2mm、天花板 1mm 铅当量防护层。如机器放在楼上，则楼板的厚度应相当于 2mm 铅当量。观察窗与墙体连接处和门缝应用 2mm 铅皮作重叠遮盖处理。工作室布局合理，应有良好通风换气（3～4 次/小时）。为防止外界电磁波对 MR 系统的影响，MR 扫描室需用 0.5mm 的铜板进行屏蔽，

屏蔽体与墙壁和地面绝缘。

6. 空调系统影像科的设备

如 CT、MR、DR、CR 都对环境温度和湿度有较高的要求，因此机房和控制室应建立独立的空调系统，具有恒温、恒湿功能，温度一般控制在 22℃左右，湿度在 30%～70%

7. 电源条件影像科的大型设备

如 CT、MR、DSA 和 DR 对电源条件要求十分严格，为保证设备发挥应有的效率和工作安全稳定，需提供足够的电源容量，电源电阻不大于 0.09Ω（380V），满负荷时电源压降波动范围不超过电源电压的 10%。由于 CT、MR、DSA 等设备功率较大，一般都单独从医院主变电站连接电源（380V），电源线长度不超过 100m，导线（铜）截面为 25mm。

8. 科室一般医疗建筑用电采用低压系统（220V）

如照明、插座及一般医疗用电。磁共振扫描室为避免电磁干扰，照明应用直流白炽灯。一些小型设备如计算机、观片灯、激光打印机可直接接在房间墙壁电源插座上。

9. 接地要求

影像科的大型设备多为精密电子仪器，需要有良好的地线。通常要求接地电阻小于 2Ω，并且各机器单独设立地线，不与其他设备或医院建筑共用地线。

（三）稳固组织搬迁安装

影像科设备的搬迁与安装分为两种情况，一是老医院的整体搬迁，二是新医院设备进场的搬造。属于前者的要科学计划、周密组织、合理安排、确保安全。既要熟悉掌握设备的构造和特点，正确分解拆卸机器；又要对原场地、新建场地和迁移途径进行实地考察；同时要了解拆卸、搬运、安装人员的技术状况，并做好有针对性的培训了解搬运和吊装设备的性能和状况及搬迁中应注意的问题。在此基础上，分批分次搬迁，不影响正常医疗工作的开展；对于MR、CT 等大型精密设备如自己不具备拆卸、安装能力，则需请供应商派专业人员前来拆卸和搬迁。属于新建医院的设备搬迁，由设备供应商派技术人员来现场指导，直至安装完毕。具体要求如下：

1. 做好充分人员设施准备

①人员培训。包括机器拆卸、搬运、安装、调试的工程技术人员和劳务人员，负责指挥的人员应具有机器拆卸、搬运、安装的丰富经验。②工具准备。机器的拆卸、搬运、安装过程中需要各种专用工具，应事先准备好工具，避免在搬迁过程中因缺少某种工具而耽误搬迁工作或损坏机器设备。③搬运车辆到位。租赁的铲车或吊车、运输卡车，根据实际需要选择相应吨位和数量。

2. 做好充分的场地准备

①原场地和新建场地，要保证机器拆卸时有足够的空间，安装场地符合设备要求，大型设备预留搬运通道和孔洞。②辅助设施如：水、电、空调等辅助设施能否及时安装到位，直接影响大型医疗设备的安装使用速度。③应急准备。由于设备搬迁会给影像科的正常医疗检查和治疗带来影响，应事先做好提示等对应措施，将影响降至最低。在搬运大部件时，应对其喷漆或电镀的表面用海绵或塑料泡沫加以保护，易损部件装箱搬运。吊运大型设备时应事先制作保护性底座和框架。

3. 严格设备安装程序

设备运抵新场地后，先根据现场条件确定机器的位置，检查设备在搬运过程中是否有损坏，拆除搬运时防震用的固定装置，检查水、电、空调等辅助设施是否安装到位并接通。确定准备工作就绪后开始安装连线。①做好机器固定。告别是 CT、MR 的机架、检查床应根据随机图纸仔细定位，反复校正，确定无误后打眼固定。其间要仔细调整机架、检查床的水平度和垂直度。DSA 天地轨道安装前要检查轨道是否平整，如有扭曲，调直后再安装。②做好机器连线。机器固定后，根据拆卸时的接线标记和随机电路图进行连线。检查无误后，分段通电测试。做好技术校正测试。设备安装完毕后必须进行校正测试，确保设备各项参数恢复到搬迁前的水平。尤其是 CT、MR，需通过系统的校正，使其符合质量性能检测指标。

第五章 医院的节能技术

第一节 被动式节能技术

一、被动式建筑节能技术的应用

被动式建筑最早由德国人发明并推广，最初是指在寒冷的气候条件下，建筑不需要采暖设备，仅通过围护结构保温就能实现较舒适的室内环境。被动式建筑已成为一种集高舒适度、低能耗、经济性于一体的节能建筑技术。

被动式建筑的建筑理念分为两点：①因地制宜。被动式节能建筑的概念适用于世界各地，无论是寒冷地区还是炎热地区都可以采用，其基本理念一致。但由于气候条件的不同，设计的侧重点有所不同，例如在寒冷地区更注重保温层的材料和厚度，在炎热地区则更关心遮阳与通风设计。任何被动式建筑的个性特点都需要因地制宜。②更舒适，更节能。在中国，长江以南的地区没有集中供暖设施，此举在一定程度上降低了能耗，但该地区的人民生活舒适度难以得到保障，因此，长江以南的地区被动式建筑要同时注重节能和舒适性。

所谓被动式节能技术即指以非机械电气设备干预手段实现建筑能耗降低的节能技术，与主动式节能技术相对。主动式节能技术是通过机械设备干预手段为建筑提供采暖空调通风等舒适环境控制的建筑设备工程技术，以优化的设备系统设计、高效的设备选用实现节能；被动式节能技术则是通过建筑自身的空间形式、围护结构、建筑材料与构造的设计来实现能耗的降低。

实现被动式建筑节能的手段有多种，例如利用可调遮阳、高性能围护结构高气密性、换气系统、采光等设计实现节能。

（一）围护结构

在传统建筑中，主要通过对空气进行制冷或加热处理来调节室内温度，被动式建筑采用高保温材料，利用材料的热惰性来维持室内温度的稳定性，达到冬季保温、夏季隔热的效果。目前，各类轻质、高效、绿色环保的新型墙体材料层出不穷。

灰砂砖种类繁多，砌块均为凹槽连接，具有很好的结构稳定性。加气混凝土具有较低的吸水性和良好的保温性能。复合轻质板集承重、防火、防潮、隔声、保温、隔热于一体，是目前世界各国大力发展的一种新型墙体材料。使用此类材料时，在外表面涂刷浅色涂料，提高墙体 D 值（墙体热惰性指标）有利于提高外墙的夏季隔热效果。

复合墙体是在墙体主结构上增加一层或多层保温材料形成的墙体结构。常用的复合外墙技术：膨胀聚苯板与混凝土一次现浇。外墙外保温系统适用于多层和高层民用建筑现浇混凝土结构；膨胀聚苯板薄抹灰外墙外保温系统适用于民用建筑混凝土或砌体外墙；胶粉聚苯颗粒外墙外保温系统适用于寒冷地区、夏热冬冷和夏热冬暖地区民用建筑的混凝土或砌体外墙。

（二）门窗节能

出于功能考虑，原本建筑开窗主要考虑立面造型和通风采光，我国大部分地区往往采用的是南向大面积开窗，北向小面积开窗。门窗、幕墙结构在建筑物热交换、热传导中占很大比重，相较于墙体其热损失更大，约占建筑围护结构的 40%。为平衡采光和节能要求，外窗应采用热阻较大的玻璃和窗框材料，降低遮阳系数的同时提高气密性。

首先降低窗墙比，尽量减少门窗的面积，可以有效降低热损失；在不同房间选择适合的窗型，因地制宜；在门窗与建筑间装置密封条，保证建筑良好的气密性；同时注意玻璃的选材以及遮阳设施的设置。

节能门窗的选材多种多样，按硬度、厚度、防火性的要求不同可选择PVC 塑料门窗、铝木复合门窗、玻璃钢门窗等。节能玻璃的选择尤为重要。中空玻璃具有优良的保温、隔热和降噪性能；热反射镀膜玻璃是在玻璃表面镀膜，赋予其新的色彩和光、热性能，在夏季可有效衰减进入室内的太阳热辐射，隔热效果明显，但对于寒冷地区，冬天影响太阳光进入室内采暖；Low—E 玻璃是未来节能玻璃的主要品种，高透型 Low—E 玻璃适用于以采暖为主的北方地区，遮阳型 Low—E 玻璃适用于以空调制冷为主的南方地区。

在降低空调能耗的同时，充分利用自然光，也可以节省照明能耗，提高视觉质量。首先需要确定建筑的朝向和自然光的进入方式，何时需要自然光，建筑外是否有其他建筑或植被影响采光，医院和病房大楼的相关房间是否有日照要求，还需考虑南向窗户是否需要添加遮阳部件控制太阳光以避免太阳直射可能带来的眩光问题。

（三）屋面节能

屋顶被称为建筑第五立面，一直是建筑中缺少开发的部分，合理的设计既能兼顾建筑景观，也能达到节能效果。常用的屋面节能技术包括保温隔热屋面、架空通风屋面、种植屋面和蓄水屋面。越来越多的建筑采用了种植屋面，一方面可以缓解大气浮尘、净化空气、美化建筑；另一方面还能缓解城市热岛效应，保温隔热，减少空调的使用，以达到节能的目的。

（四）换气系统

在空调系统中，合适的新风比一方面可以降低设备能耗，另一方面可以提高舒适度。节能建筑中设计合理的建筑结构，使建筑两侧产生正负气压，让建筑自然通风；通过对室内通道长度等的考虑，使建筑内形成空气对流或穿堂风；利用天井、楼梯间中庭等产生烟囱效应，实现通风换气，创造自然的室内舒适环境，降低建筑能耗。或在建筑中加设简单的机械系统产生主动通风，提供高质量的空气，尤其在医院，可有效排出废气和污染气体，提高空气洁净度。

除去自然通风，通风墙体也是一种被动式节能技术，与普通外墙相比，通风墙体的隔热性能约提高 20%，根据各地区不同的气象条件选取合适的夹层宽度和开口尺寸可以有效提高隔热性，但其保温性较差，不适合注重保温的寒冷地区。

二、可再生能源在医院建筑的应用

（一）太阳能

太阳能是清洁能源，人们利用的太阳能主要是指通过主动或被动的手段，将太阳的辐射能转化为更便于人们使用的热能或光能，每秒太阳辐射到地面的能量高达 8×10^{13} kJ，相当于 6×10^6 t 标准煤，辐射遍布整个地球，相比煤炭、天然气等，没有分布的偏集性，何处都可就地取用，无需开采运输，也无传输耗损。

医院建筑由于占地面积广、建筑数量多、竖向高度大，因而能很好地接收到太阳辐射。对于太阳能除了可以通过被动式采暖设计，还可以利用太阳能集热器等主动式技术加以利用，如铺设在建筑侧部的窗户集热板式、墙体集热式太阳能集束设备等。利用空气作为传热介质、卵石等作为蓄热材料可为建筑节约最多约 10% 的供热能量，也可以将太阳能转换为热能，为医院提供所需的生活热水。建筑顶部与户外停车场也可设置太阳能遮阳棚，既能降低夏季建筑与车内的温度，也能为其他耗电设备如新能源汽车充电桩提供电能。

（二）地表水

水是最常见的一种流体，常态下水的密度为 1000kg/m³，比热容为 4.18kJ/（kg·K），单位体积的水所蓄存的冷热量是空气的 3545 倍，单位质量的水所蓄存的冷热量是空气的 4 倍。我国具有数量众多且分布广泛的湖泊、水库、水塘等滞流水体，具有较好应用地表水源热泵系统的有利条件。

由于医院建筑对供冷、供热需求较大，而地表水源热泵作为供冷、供热设备有较高的能效比，作为医院的供冷、供热设备可以显著提高节能效果。地表水源热泵主要分为开式与闭式两种。开式地表水源热泵在江河湖水等水体中直接取水进入机组中，这对水体质量与机组的运行维检都有较高程度的要求，但开式地表水源热泵可以获得更高的能效比。而闭式则是将封闭的换热盘管按一定的排列放入一定深度的地表水体中，传热介质通过管壁与地表水体进行换热。相比开式地表水源热泵，闭式系统的内部无疑更为清洁，同时由于水泵只克服传热介质运行过程中的沿程阻力，对水泵工作扬程要求也较低。

（三）污水源

污水源热泵技术是指通过热泵回收蓄存在污水中的冷/热能。城市污水冬暖夏凉且出水量稳定，以重庆地区为例，重庆地区冬季城市生活污水温度一般为 15℃，最低不低于 13℃，夏季污水温度一般为 25～28℃，最高不超过 30℃，是合适的冷/热源。城市污水作为一种尚未被大规模开发利用的可持续绿色能源，有良好的节能性、经济性、环境友好性和社会允许性。其中，生活污水又因为没有工业污染，是更利于使用的污水源。

医院人员密度高且人员停滞时间长，不仅有很大的供冷、供热需求，每日的生活污水排放量也巨大且稳定，其中蓄存了大量的低位热能。污水水源热泵机组通过压缩机将工质转换为高温高压的过热蒸汽，并由循环水将热能带给用户端，而冷凝后的工质经节流阀进一步降温，再通过换热器与温度高于它的污水进行间接换热，从而将污水中蓄存的热量取出使用。夏季时则通过四通换向阀，将污水中的冷量传输到室内。

（四）土壤源热泵

土壤源热泵利用的能源是地表以下一定深度范围内（一般恒温带至 200m 深）的岩土内蓄存的地热能，是当前科技与经济条件允许下可开发的绿色能源。浅层地温能资源丰富、分布广泛，全国大部分地区都具备适合使用土壤源热泵的条件。同时地表以下土壤层内部温度稳定、夏凉冬暖，是很好的低位热源。而且目前土壤源热泵由于其符合低碳环保的要求且技术成熟，正越来越被人们所重视。

土壤源热泵又分为水平埋管与竖直埋管两种，前者将换热用的管段水平铺设在地表下数米深度内，适用于较小负荷且有大面积可铺设埋管的建筑中，医院建筑在这一方面具有天然优势。越来越多的医院开始强调"以人为本"，不仅是医疗技术，绿化环境等设施也要进一步提升，以起到使患者在踏入医院的第一秒就能舒缓身心的效果，而大面积的绿化则为水平埋管提供了基础条件支持。后者则是在地面钻孔后，竖直将埋管放入钻孔中，相比水平埋管，无疑竖直埋管对可用埋管面积的需求更小，也更适合作为较大负荷建筑的冷/热源，但钻孔难度与价格由当地地质状况决定。同时，医院建筑冬夏冷热负荷均衡，夏季向土壤排放的热量与冬季从土壤取出的热量基本持平，对辅助热源的依赖性小，因此不会持续改变土壤本身的温度，对自然环境的破坏小。

（五）地下水水源热泵

地下水水源热泵与土壤源热泵类似，本质上都是利用蓄存在浅层地表的地热能，与土壤源热泵不同的是，地下水水源热泵的能量来源不是土壤，而是土壤下的地下水。由于地下水也是一种流动水体，因此除了资源丰富、分布广泛、绿色环保的特点之外，水体流动性还增强了换热的效果，使地下水水源热泵有着更高的能效比。

地下水水源热泵主要分为直接换热与间接换热。直接换热是指直接让地下水进入机组冷凝器，由于地下水水质优良，对机组造成损伤较小，且直接换热无传热损失，因此有较高的能效比。对于大型医院这样高负荷的建筑来说，有良好的经济性与可行性。间接换热则是将换热盘管放入地下水层，不直接取水，这样的方式虽然有一定的传热损失，但是对水泵的要求更低（只承担沿程阻力），对机组的压力也更小。医院建筑由于不同职能的房间甚至楼栋，其值班时间有着明显的不同，例如门诊的冷热需求时间为实际工作时间，而住院楼则为24h使用，为防止只靠少数几个大机组非满负荷运行，医院建筑宜针对不同工作时间的区域分区设置机组，从而提高运行效率。

第二节　给水系统节能技术

医院给水包括病人和医务人员的日常生活用水与大量的医疗用水或医疗设备用水，在设计中应注意既要满足医院的功能要求，又做到节约用水，选用耗水量小的给水处理工艺，设计合理的给水系统。

一、各功能区域用水分析、供水系统研究与分区域计量研究

（一）大型放射治疗装置对冷却水系统的要求

1. 工艺设备对冷却水系统的要求

在工艺装置的运行过程中，各种工艺设备所消耗的电能大多转化为热能，而其中大部分的热能需用冷却水加以消能。有的工艺设备必须在严格的温度条

件下才能正常工作，这样就需要调节、控制冷却水的温度，以达到其温度精度的要求。工艺冷却水系统分为一次冷却水系统与二次冷却水系统。

一次冷却水系统用于直接冷却工艺装置的各用水设备，在有的用水设备中一次冷却水管路同时也是通电电路，某些磁铁线圈也是内径通一次冷却水的通电线圈。为了防止水路对地短路而造成电流泄漏，满足用水设备的电气绝缘要求，同时也为了杜绝水路中产生结垢或水路堵塞的现象，必须以去离子水作为一次冷却水系统的冷媒。去离子水能防止水携带电负荷，能够满足用水设备的电气绝缘要求，也能保证较低的腐蚀率以防止腐蚀及结垢等，同时去离子水因为离子的含量相当低而不容易泄漏电流，从而使水温保持相对的恒定。

由于去离子的纯水在运行时的电阻率会逐渐降低，故在一次冷却水系统回路上设置旁流离子交换柱（该离子交换柱为抛光混床，设计水量为系统循环水量的3%）以维持一定的水质（按工艺要求该离子交换柱的出水电阻率为1MΩ·cm，25℃），不仅满足用水设备在不间断运行时的电气绝缘要求，也保证了较低的腐蚀率，并能防止结垢。

一次冷却水系统均是闭式循环系统，平时运行需补充少量的去离子水。考虑到系统初次补水的要求，应设置专用的去离子水处理机房以提供去离子水。机房设有储存去离子水的水箱与全不锈钢的压力给水装置，为各个一次冷却水系统的高位开式膨胀水箱补水，也为各个一次冷却水系统直接补水。

2. 去离子水处理系统的设计

（1）处理水量的确定

一次冷却水系统均是闭式循环系统，平时运行只需补充少量的去离子水以补充可能的管道泄漏及设备的损耗，纯水站处理水量主要应考虑整个系统在运行初期及每年2次工艺装置检修后再运行的初次充水的要求。只要确定初次充水的时间，并复核工艺装置运行时的渗漏损失水量即可计算出纯水站的处理水量，同时需综合考虑纯水站的投资规模、工艺装置初次运行至运行稳定所需的时间，设计中采用的初次充水时间为48h。

（2）水处理工艺流程的确定

目前纯水站工艺流程大多采用先进的EDI（Electro deionization）工艺或传统的离子交换柱工艺。

EDI是一种依赖于电驱动的膜技术，由离子交换树脂、离子交换膜和一个直流电场组成。EDI是结合离子交换混床和电渗析的一种技术，它发挥了离子交换混床和电渗析法的优点，并克服了它们各自的缺点。EDI技术和传统离子交换技术最大的区别在于离子交换树脂再生方法，EDI技术借用直流电对交换树脂连续再生，不需要使用化学药品再生，避免了化学再生污染物的排放，且出水水质稳定、制水成本较低，同时其设备结构紧凑、占地面积较小，系统的操作运行方便、简单。

而传统的离子交换柱工艺采用离子交换剂，使交换剂和水溶液中可交换离子之间发生等物质量规则的可逆性交换，从而导致水质改变而离子交换剂的结构并不发生实质性变化。缺点在于其需要用酸碱再生树脂，且设备占地面积较大。

在原水为城市自来水时，EDI 工艺流程如下：

原水→原水箱→原水泵→超滤装置→超滤产水箱→超滤水增压泵→5μm 保安过滤器→高压泵→一级反渗透装置→一级反渗透水箱→一级反渗透增压泵→二级反渗透装置→二级反渗透水箱→二级反渗透增压泵→EDI 装置→纯水箱→用户。

（3）水处理工艺分为预处理系统、反渗透系统和 EDI 系统。

预处理系统的主要目的是去除水中的沉淀物、悬浮物、胶体、色度、浊度和有机物等妨碍后续反渗透运行的固体颗粒杂质。预处理设施主要包括：原水池、原水泵、超滤装置、超滤反洗系统和超滤气洗系统。在过滤前设置絮凝剂加药系统，使水中的悬浮物、有机物、胶体等杂质通过絮凝剂的吸附、脱稳和架桥等作用凝聚成大颗粒矾花，以便其在过滤中被有效去除。

反渗透系统的主要目的是脱盐。反渗透系统包括：超滤水增压泵、阻垢剂投加装置、NaOH 投加装置、还原剂投加装置、5μm 保安过滤器、高压泵、反渗透装置、化学清洗装置、反渗透冲洗泵等。在经过预处理之后的水需要经过 RO 保安过滤器进行进一步过滤，一方面避免残留的固体颗粒与细菌造成反渗透系统的污堵，另一方面避免较大的颗粒在高压泵的加速下导致膜表面的破损。水的反渗透过程是所有过滤方法中最精细的过滤方式，反渗透膜像屏障一样阻碍了可溶性盐和无机分子以及一部分有机分子的通过。同时，水分子自由通过膜后形成了产水水流，在总产水管路汇集，从而实现反渗透膜对原水的脱盐过程，预处理进水被加压后通过反渗透膜去除水中的杂质和溶解固体。

反渗透产水经过 EDI 处理，可将水中剩余的微量阴阳离子、CO_2 和 SiO_2 进一步去除，保证出水电阻率大于 $14.0M\Omega \cdot cm$（25℃）。紫外线杀菌用于进一步去除存在于水中的细菌、病毒、藻类物质及其他残余有机物。

去离子水处理系统的低压水管采用 U－PVC 给水管及 U－PVC 阀门，反渗透系统等高压水管采用 304 不锈钢管及 304 不锈钢阀门，去离子水储水箱采用氮封水箱以防止污染。

3. 去离子水处理的自动控制要求

①主要被控对象有预处理系统、反渗透系统及 EDI 系统等，主要仪表有

计量泵、温度计、压力表、电导率计等。应选用高性能的控制系统以确保系统的可靠性和安全性。

②按照各分系统的出水水质要求对被控设备或元件进行水质（浊度表、pH表、电阻率表）控制、压力控制、液位控制、流量控制、进出水口的启闭控制、保护和连锁等。

③在操作屏上能显示系统的流程控制状态、相关设备的运行状态以及各参数细目表格画面；能动态显示压力、流量、液位、电机电流、电导率、阀门的开启状态等；操作人员可进行各种操作，包括系统投入运行、参数设定、泵及设备的开停，可手动操作或自动－手动切换，并可进行设定值的调整、报警设定等。

④当发生流程故障、设备故障以及各参数超限时，能放出声光报警及报警确认。

⑤系统具备现场控制操作和监控中心远程控制功能，现场设备应具有手动自动操作转换开关。

⑥系统控制主机预留与外部监控系统联网的通信接口，并承诺协助系统集成商实现联网（包括提供各自的通信协议及其他技术支持）。

（二）血液透析装置用水水处理技术

1. 血液透析装置用水要求

患肾功能衰竭及尿毒症等患者，需用人工肾体外透析排毒法进行血液循环净化来治疗肾病，医称人工肾。人工肾是将本应经过人体肾脏排毒的血液暂时流入血液透析装置，由该装置代替人的肾脏起到解毒、代谢等功能，通过血液过滤、血浆置换，清除血液中的有害物质，补充生物活性成分，以使人自身的肾脏可以"休养生息"，从而使病变的肾脏恢复元气。

透析治疗需在专用的病室内进行。一般每个病患者占1个病床，每床配置1套血液透析机，床后沿墙设有上下水管与血液透析机相连，上水管内流经透析液及配液，下水管流经的是病人体内排泄出的有害废液废水。供上水管内配置透析液的水为去离子水。

2. 血液透析装置用水水处理技术

透析用水必须进行水处理。将市政供的自来水经除锈、除铁、除砂、去离子灭菌后供血液透析机用。去离子方式常用树脂交换。一般医院透析用水处理装置由专业公司成套供应，处理设备设置在靠近透析治疗病室的专用水处理机房内。水处理后的去离子水，除用作配置透析液外，还用作清洗透析器。

（三）中心消毒供应室

中心消毒供应室的任务是收集全医院污染器械敷料及其他物品，经过集中清洗消毒灭菌、储存再分发到医院各科室。中心消毒供应室包括污染区、清洁区和无菌区。由污—净—无菌，三区分立，并有接收回收、洗涤、清洗、包扎、消毒、无菌保管等各作业室。中心消毒供应室要求供应冷热水、电、蒸汽源、蒸馏水和纯净水，污水排放要流畅，蒸汽应由锅炉房直接供应且不与其他科室合用。中心供应室洗涤需用去离子水或蒸馏水，供应室内应设置水处理装置，脱盐去除水中各种离子，使使用水水质达到标准，要求为去离子水。

1. 中心消毒供应室清洗、消毒都有一定的作业程序和流程

（1）未经清洗消毒的污染作业

各有关科室使用过的各种玻璃器皿，橡皮手套类，污染器械等物品，回收到中心消毒供应室进行分类、预处理及清洗消毒。具体作业为：

由各部门送来用过器械，初步用高锰酸钾消毒液浸泡，然后逐件洗刷清洗→将各种特殊穿刺包的器械分别清洗→将各种玻璃器皿进行浸泡、无菌洗涤→将橡皮手套类进行清洗上粉→将推车进行刷洗消毒→一次性物品处理（垃圾或焚毁炉焚毁）。

（2）未经消毒的清洁作业

由洗衣房将经过清洗但尚未经消毒的旧敷料等送到中心消毒供应室，进行整理及制作→将各科室已经清洗、制作、整理、包扎好的器械包、敷料包，送到中心消毒供应室准备消毒灭菌→由药库送来未经消毒的备用器械及敷料储存→未经消毒的新敷料进行制作→经过清洗消毒的各类器械敷料、穿刺包、包裹巾等进行检验、整理、折叠、妥善包扎准备消毒灭菌。

（3）灭菌消毒作业

灭菌消毒作业设有消毒室及消毒前室，采用机械高压蒸汽灭菌箱及环氧乙烷化学灭菌柜（化学药品消毒灭菌）进行灭菌消毒，消毒物品的搬入搬出要严格防止对物品的污染。

（4）已消毒灭菌清洁作业

已经过消毒灭菌的无菌器械包、敷料包和一次性物品类（揭开外包装外壳）等物品经过分类、贮存、保管，放置在一个无菌的贮存库中，或分发至有关医疗科室。

2. 清洗灭菌设备配套技术

供应室的主要工作是清洗、消毒和灭菌，比较完善的清洗设备配套有超声波清洗机和双门清洗消毒机。双门清洗消毒机是用热水进行清洗消毒，可以方便安全地清洗各种器械、器皿、麻醉器材、内腔镜等，而超声波清洗机则对清洗深槽器皿、穿刺针头、导管等医疗器械有较好效果。清洗设备的配套应根据各医院清洗物品的种类和对手工、半自动以及全自动的功能要求进行合理组

合。灭菌设备有脉动真空高压蒸汽灭菌器、干热灭菌器、电子消毒灭菌器和环氧乙烷灭菌器。

在大医院洗涤清洗多采用高效的全自动清洗机设备和超声波清洗机来代替人工清洗，效果好且节约用水。①超声波清洗机。②双门自动清洗消毒器。③机动门脉动真空灭菌器。④纯环氧乙烷灭菌器。⑤脉动真空台式灭菌器。⑥护理器具清洗消毒机。

（四）其他用水

口腔科治疗，需要供应冷水。

放射科洗片室设有洗片池，需要供应冷水。

检验科设有生化清洗池和试管清洗池，需要供应冷水。

内窥镜检查室清洗检查用的胃镜、肠镜等，需要供应冷水。手术室的刷手池需要供应冷水和热水，并应有 2 路水源。

病房设有污洗间、污洗池，需要供应冷水和热水。妇产科设有新生儿洗婴室，需要供应冷水和热水。厨房、洗衣房等后勤用房，需供应冷水和热水。

（五）节水技术措施

合理利用水资源，节约用水是我国的基本国策。医院建筑设计中节水措施主要包括以下几个方面：

①合理确定生活用水定额及小时变化系数。

②应根据医院生活用水和工艺用水的特点，本着既满足特殊用水的功能要求，又管理便利、技术经济合理的原则，合理采用分散或集中的水处理系统。采用耗水量小的给水深度处理工艺。

③合理确定生活用水定额及小时变化系数。

④本着"节流为先"的原则，优先选用中华人民共和国国家经济贸易委员会《当前国家鼓励发展的节水设备》（产品）目录中公布的设备、器材和器具。根据用水场合的不同，合理选用节水水龙头、节水便器、节水淋浴装置等。由于医生洗手频率高，用水量大，感应龙头的节水率达 30％～50％，节水量可观，故除有特殊要求，洗手盆应采用感应龙头，为减少投资，洗手盆龙头也可采用节水效果较好的脚踏式、肘击式等非手动开关。

⑤采用节水型医用清洗设备、节水型洗衣机、节水型洗碗机等。

⑥在满足使用要求前提下，控制用水点的供水压力，避免发生超压出流现象。

⑦分科室、分区域、分使用功能设置计量水表。

⑧淋浴器采用刷卡计费淋浴器，用者付费能有效节约洗浴用水。

⑨在冷却塔中投入水处理剂，使排污量减少。在缺水地区，采用风冷方式

替代水冷方式可以节省水资源消耗。

⑩采取有效措施避免管网漏损。管网漏失水量包括：阀门故障漏水量、室内卫生器具漏水量、水池、水箱溢流漏水量、设备漏水量和管网漏水量。

⑪提高医务人员和病人的节水意识，避免不必要的用水。

⑫绿化景观浇洒、冲洗道路、室外水景补水等宜采用非传统水源。应保证非传统水源的使用安全，防止误接、误用、误饮。

⑬绿化灌溉应采用喷灌、微灌、渗灌、低压管灌等节水灌溉方式，还可采用湿度传感器或根据气候变化的调节控制器。节水灌溉具有显著的节水效果，比地面漫灌要省水 30%～50%。当采用再生水灌溉时，因水中微生物在空气中极易传播，应避免采用喷灌方式。

⑭医院存在不少可以回收利用的废水，如高纯水净化制作过程中排掉的废水，蒸汽凝结水等，应该充分回收利用。

（六）分区域计量

设置计量水表，按用途和付费（或管理）单元设置用水计量装置是控制用水、节约用水的有效措施，计量水表安装率应达到 100%。

①按照使用用途，对办公、宿舍、食堂、营养厨房、门诊（分科室）、急诊、住院（分科室、分病区）、实验室、中心供应、空调系统、锅炉房、洗衣房、泳池、绿化景观等用水分别设置用水计量装置、统计用水量。对不同使用用途和不同计费（或管理）单位分区域、分用途设水表统计用水量，并据此施行计量收费以实现"用者付费"，鼓励行为节水，还可统计各种用途的用水量和分析渗漏水量，达到持续改进的目的。

②按照付费（或管理）单元情况对不同用户的用水分别设置用水计量装置、统计用水量，各管理单元通常是分别付费，或即使是不分别付费，也可以根据用水计量情况，对不同部门进行节水绩效考核，促进行为节水。

③设置用者付费的设施，如公共浴室、病房卫生间淋浴器等采用刷卡用水。淋浴器采用刷卡计费淋浴器，用者付费能有效节约洗浴用水，这对医院节水意义重大。

④目前民用各种水表类型如下：

按测量原理分为速度式水表、容积式水表；

按量程等级分为 A 级表、B 级表、C 级表、D 级表；

按公称口径分为大口径水表和小口径水表，公称口径 40mm 以下称为小口径水表，公称口径 50mm 以上称为大口径水表；

按介质温度分为冷水水表、热水水表，水温 30℃是冷热水分界点；

按计数器的指示形式分为模拟式、数字式、模拟数字组合式；

远传水表通常是以普通水表作为基表，加装了远传输出装置的水表，远传输出装置可以安装在水表体内或指示装置内，也可以配置在外部。

预付费类水表包括 IC 卡水表、TM 卡水表和代码数据交换式水表等。

⑤设计可采用直读式水表、预付费类水表、远传式水表等，在冷水管和热水管上分别安装计量水表。

⑥水表计量数据宜统一输入建筑自动化管理系统（BMS）。

二、非医疗区域雨水和废水回用技术

（一）非传统水源利用的技术措施

非传统水源利用包括雨水利用和废水回用。鉴于医院有医疗区和非医疗区域（生活区）之分，医疗区为医生、病人的活动场所，其废水与雨水含各种细菌、病毒等等，不宜回收作为中水水源。医院非医疗区域的雨水和废水可回收用于医院区域内室外的绿化浇洒、地面冲洗、景观水景补水等用水，也可用于生活区的冲厕用水。

（二）非医疗区域雨水回用技术

非医疗区域的建筑屋面和室外地面的雨水可直接收集回用或采用雨水入渗方式（雨水间接利用）收集回用。

雨水收集回用于室外绿化浇洒、地面冲洗、景观水景补水等用水。若基地内设有中水系统，也可作为中水系统的水源。

雨水直接利用设计重现期宜取 2 年。

雨水收集回用处理系统应设计初期弃流、溢流等措施。

（三）雨水初期弃流

雨水初期弃流设施包括：容积式、雨量计式、流量式等。

初期径流弃流量在无资料时，屋面弃流可采用 2～3mm 径流厚度，地面弃流可采用 3～5mm 径流厚度。采用雨量计式弃流装置时，屋面弃流降雨厚度可取 4～6mm。

初期径流弃流量计算公式如下：

$$W_1 = 10 \times \delta \times F \tag{5-1}$$

式中，W ——设计初期径流弃流量（m^3）；

δ ——初期径流厚度（mm）；

F ——硬化汇水面积（hm^2）。

基地内设置雨水收集处理机房。机房内设有雨水收集池、处理过滤设备、回用供水机组、储水池和消毒设备等。

（四）雨水蓄存

常用雨水储存设施包括景观水体、钢筋混凝土水池和成品水池水罐等。

景观水体宜作为雨水储存设施，水面和溢流水位之间的空间作为蓄存容积。雨水储存设施应设有溢流排水措施，溢流排水措施采用重力溢流。

雨水蓄水池、蓄水罐宜设置在室外地下。雨水设计径流总量按以下公式计算：

$$W = 10 \left(\psi_c - \psi_0 \right) h_y F \tag{5-2}$$

式中，W ——雨水设计径流总量（m^3）；

ψ_c ——雨水径流系数；

ψ_0 ——控制径流峰值所对应的径流系数，应符合当地规划控制要求；

h_y ——设计日降雨量（mm）；

F ——硬化汇水面面积（hm^2）。

雨水储存设施的储水量按以下公式计算：

$$V_n = W - W_i \tag{5-3}$$

式中，V_n ——雨水储存设施的储水量（m^3）；

W ——雨水设计径流总量（m^3）；

W_i ——设计初期径流弃流量（m^3）。

蓄水池可兼作自然沉淀池。其进、出水管的设置应防止水流短路，避免扰动沉淀物，进水端宜均匀布水。

（五）雨水处理

屋面雨水水质处理根据原水水质可选择下列工艺流程：

雨水→初期径流弃流→雨水蓄水池沉淀→雨水清水池→过滤→植物浇灌、地面冲洗。当雨水用于景观水体时，水体宜优先采用生态处理方式净化水质。

回用雨水应消毒。当雨水处理规模不大于 $100m^3/d$ 时，可采用氯片作为消毒剂；当雨水处理规模大于 $100m^3/d$ 时，可采用次氯酸钠或其他氯消毒剂消毒。

雨水处理设施产生的污泥应进行处理，由有资质的单位专业外运处理。雨水净化处理装置的处理水量按以下公式计算：

$$Q_y = W_y / T \tag{5-4}$$

式中，Q_y ——设施处理水量（m^3/h）；

W_y ——雨水供应系统的最高日用水量（m^3）；

T ——雨水处理设施的日运行时间（h），可取24h。

（六）废水回用技术（中水系统）

回用医院生活区的洗涤、淋浴、洗手（脸）盆等器具废水排水，作为中水水源，经水处理达标后，用于医院区域内室外绿化浇洒、地面冲洗、景观水景补水等用水，也可用于生活区的冲厕用水。

中水系统应进行水量平衡计算，绘制水量平衡图。

中水处理工艺主要包括物化处理工艺、生物处理和物化处理相结合工艺、预处理和膜分离相结合处理工艺等工艺流程。

选用中水处理一体化装置或组合装置时，应参考可靠的设备处理效果参数和组合设备中主要的处理效果参数，其出水水质应符合使用用途要求的水质标准。

中水处理必须设有消毒设施。

（七）严禁回用雨（废）水进入生活给水系统

回用雨（废）水供水管道严禁与生活给水管道连接。

当雨（废）水贮水池（箱）采用生活给水补水时，应采取防止生活给水被污染的措施，如必须保证生活给水补水管口与雨（废）水贮水池（箱）的溢流水位空隙间距不小于150mm，设置倒流防止器等。给水补水管上应设置水表计量。

回用雨（废）水供水管道上不得装设取水龙头，并应采取防止误接、误用、误饮的措施，有明显的标识，注明"非饮用水"。

三、可再生能源——太阳能生活热水系统

随着国家和地方规范的逐步推出，国民的节能和环保意识逐步增强，越来越多的工程项目设计并应用了太阳能热水系统。太阳能既是一次性能源，又是可再生能源，它资源丰富，既可免费使用，又无需运输，对环境无任何污染，因此，只要具备场地和设备条件，在设计时都应优先考虑使用太阳能热水系统。

（一）太阳能生活热水系统的类型

太阳能热水系统主要包含太阳能集热器、储存装置、循环管路、控制系统及辅助能源装置。太阳能热水系统按使用压力可分为承压系统和非承压系统；按系统运行方式可分为自然循环系统、强制循环系统和直流式系统；按生活热水与集热器内传热介质可分为直接系统和间接系统；按集热方式可分为平板系统和真空管系统；按辅助能源启动方式可分为全日自动启动系统、定时自动启动系统和按需手动启动系统。

医院建筑是病人聚集的特殊场所，保证其供水的水质安全、供水水量、水

压、水温的稳定性尤为重要。本着安全、卫生、经济、实用的原则，选择强制循环的集热系统，间接加热的方式加热，与辅助能源分置，以太阳能热水系统为生活热水预加热水是较为合理的。

（二）太阳能生活热水系统的应用

以上海地区为例进行太阳能系统设计介绍。

1. 系统设计

（1）气象参数

上海纬度 $31°10'$；水平面年总辐照量为 $4497.261mJ/（m^2·a）$；水平面日平均辐照量为 $12.300mJ/（m^2·d）$。

上海纬度倾角平面年总辐照量为 $4716.445mJ/（m^2·a）$；上海纬度倾角平面日平均辐照量为 $12.904mJ/（m^2·d）$。

年总日照时数为 $1997.5h$；日平均日照时数为 $5.5h$；年平均温度为 $16.0℃$；太阳能保证率为 45%。

（2）系统描述

选用短期蓄热集中太阳能热水系统，强制循环、二次换热。采用由太阳能集热器产生的热水作为生活热水的预加热水，集中供给各用热水点，并设有热水循环泵强制同程机械循环、动态回水，以保证热水供回水温度为 $60℃/55℃$。

（3）集热系统

项目太阳能热水系统采用真空直流式太阳能吸收板集热，吸收板由若干根直流式真空管等组件拼合组成。太阳辐射的能量通过直流式真空管内部的吸收层转换为热能。直流式真空管表面由铝制成，有选择性涂层。整个吸收表面把热量传递到同轴铜管系统，被吸收的热量直接高效地转换给太阳能循环系统。真空管通过锁紧螺丝连接到集热器头。管道连接件由抗紫外线的塑料制成。

（4）蓄热系统

太阳能热水系统中的蓄热系统由太阳能集热器、蓄热水箱以及相应的阀门、水泵等设备组成。系统采用分级蓄热方式，根据用户用水情况以及热量收集情况，按优先等级分为两个等级：一级蓄热水罐和二级蓄热水罐。其中，一级蓄热水罐为高温水罐，二级水罐为低温水罐。当用水罐温度下降到设定值时，通过阀门的切换开始加热此罐直至水温达到设定值为止；当两级蓄热水罐在加热时，蓄热水罐即时向供水水罐传输热量。

系统运行之初，太阳能集热器不断收集热量，当集热器出口温度高于用水罐内水温时，蓄热系统开始启动，并开启相应阀门及水泵等设备。太阳能集热器收集到的热量给蓄热水罐里的水加热时，先加热一级蓄热水罐至设定温度；

再通过阀门自动切换到二级蓄热水罐，直至设定温度。在加热二级蓄热水罐过程中，控制系统不断检测一级蓄热水罐温度，当一级水罐温度下降时，再切换加热一级蓄热水罐。在加热优先级蓄热水罐时，系统监视优先级水罐的温度，如优先级水罐的温度低于设定值，系统切换给优先级水罐加热。

（5）防过热系统

系统中的防过热系统由散热器、板式换热器以及相应水泵等设备组成，系统通过启动散热器中冷媒的循环散热对系统中的热水进行冷却，降低水温，保护太阳能热水系统。当太阳能集热器出口温度超过 90℃并达到一定时间时，系统自动切换至防过热系统，阀门开启方向转换，同时启动散热器进行散热，直至太阳能集热器出口温度小于 80℃为止。

（6）防冻系统

防冻系统位于室外，部分管路全部灌装防冻液来保护系统安全。

2. 主要设备技术规格要求

（1）太阳能加热系统热备

蓄热水箱：置于地下室给排水设备机房内；选用 SUS304 不锈钢开式水箱，25m³ 和 35m³ 各 1 个；采用聚氨酯发泡保温，在保温状态良好的地下室环境里昼夜温降不超过 8℃，保温厚度不小于 100mm，外表面采用 0.5mm 厚的彩钢板。

热水循环泵：置于地下室给排水设备机房内；选用立式离心热水泵两台，一用一备，配原厂水泵与电机共用底座、减振基座等全套附配件，要求设备整体出厂，为低噪声、节能型产品；水泵有自动控制、控制室远程控制和现场控制三种方式，其中自动控制采用温度控制，温度传感器检测，根据预先设定的工作模式执行，温度传感器置于热水循环泵进口水流流速较稳定的直管路上。

太阳能系统膨胀水罐：置于地下室给排水设备机房内，选用衬胶隔膜式膨胀水罐 1 台。

散热系统膨胀水罐：置于屋面，选用衬胶隔膜式膨胀水罐 1 台。

（2）集热器

太阳能集热器置于屋面上，具体位置设计指定。

太阳能热管真空管采用玻璃—金属热压封技术封接，由专业太阳能制造厂生产，符合国家规定参数，达到国家规定的技术标准，保证额定产水量，需同时具备国家认证或国际认证证书。

集热器采用全不锈钢紧固标准件，符合室外使用要求。

玻璃材料透光率大于 90%。

集热器连接元件采用 GE 塑料合金，耐温 160℃以上。

集热器采用 EPDM 隔热防护套，能有效阻止热损失。

集热器之间应无缝隙连接，保证屋面的美观。

直流式真空管主要参数：空晒温度 230℃；真空直流管采用高硼硅玻璃；高真空热绝缘；吸热器表面材料为铝；管道材料为铜。

集热器主要参数：集热器采光面积 997m²；安装角度为 0°；热传输介质为防冻液；集热器头部介质输送装置采用黄铜；集热器头部外壳铝制，进口喷涂材料，隔热绝缘，带有合理的防水设计；最大运行压力为 9bar；最大机械荷载（分散荷载）为 350kg/m²；集热器采用抗风、抗雪设计，在使用过程中能抗风载、雪载。

集热器联箱上设有温度探测口，能非常准确地反应集热器的温度；集热器内部换热方式为双向对流强制换热技术以确保高效率；集热器与集热器间的连接应考虑合理的缓冲连接以适应热胀冷缩。

（3）散热器

冷风机采用铜质盘管，盘管翅片为铝质，翅片由进口高速冲床和模具冲压成型。

散热器采用扁长型结构设计，送风均匀，降温快。

采用进口低噪声、低能耗的外转子轴流风机，噪声低。

散热器应适合室外使用。

（4）膨胀罐

膨胀罐应适合在生活热水系统及太阳能热水系统中的使用。

膨胀罐内设置隔膜，所有与水接触部分均涂有防腐膜。

膨胀罐罐体采用耐用粉末涂料喷涂。

（5）温度传感器

温度传感元件采用标度为 Pt100 铂电阻传感器。

温度范围：-20~150℃。

精度：±0.5℃。

输出信号：阻值输出 4~20mA。

（6）冲洗灌装系统

采用知名品牌进口水泵。

能对系统进行彻底冲洗。

能对系统进行灌装。

能对系统进行压力设置。

3. 系统的控制

根据项目的实际情况，实现太阳能热水系统要求的所有功能，太阳能热水系统应具有完整的控制功能，控制系统应符合以下要求：采用国际领先的工业自动化控制技术和数据存储管理技术，保证技术的最新；系统应稳定可靠，图形界面友好，无故障时间长；系统具有可扩展性，包含硬件的扩展性和软件的可扩展性两方面；系统具有严密的技术防范措施以保障计算机网络安全；系统易操作，具有良好直观的人机界面。

（三）太阳能生活热水系统

医院热水的用水点分散在各幢楼里。医院建筑对安静要求较高，特别是病房、手术室等对噪声控制都有相应规范的要求，故屋面集热器的摆放位置和朝向应满足太阳能系统的安装空间和维修空间、与建筑周围的环境协调，且不能引起光污染。

太阳能生活热水系统设计与建筑、结构及相关专业要同步配合：与建筑专业协调集热器、散热器的屋面布置位置，防水要求，安装和维护要求等；提供与结构专业所需的荷载；提供电气专业用电量及控制要求。

太阳能热水系统的设计主要应考虑它的技术性能，包括热性能、耐久性能、安全性能和可靠性能。

1. 不同集热器产品的比较

目前在太阳能热水工程中常用的太阳能集热器主要有以下几种类型。

（1）平板式太阳能集热器

应用比较早的一种太阳能集热器产品，因防冻问题以及其本身集热性能受季节和环境影响较大，在我国北方应用较少，主要集中在南方地区。

（2）全玻璃真空管集热器

早期规模比较小的项目多采用此种集热器，或将采用全玻璃真空管集热器的家用太阳能热水器串并联组成集中热水系统，因其投资较低，在太阳能热水工程市场上占有相当比重。

（3）U形管真空管集热器

U形管真空管集热器替代了全玻璃真空管集热器，解决了系统承压运行问题，但因其系统阻力大，热性能不理想、安装维护等因素影响使用较少。

（4）热管直流管太阳能集热器

热管直流管集热器从根本上解决了其他类型太阳能集热器在热效率、承压能力、防冻性能和安装维护方面的缺陷，是目前太阳能热水工程中最理想的集热器形式。

晴天热量过多，春夏秋三季热量过多，但到了冬季和阴雨天热量则不足，此时太阳能的储热能力就异常重要，储热量要大，保温效果要好，尽量让热水保持在60℃以下运行，这样效率高，不易结垢，也可防止管道和电子元件破坏。

2. 环保和经济效益

（1）环保效益

相对于使用化石燃料制造热水，太阳能热水工程能减少对环境的污染及温室气体二氧化碳的产生。

（2）经济效益

因为太阳能热水工程基本热源为免费的太阳能，所以十分符合经济效益。

（3）安全因素

太阳能热水工程没有使用煤气有爆炸或中毒的风险，或使用燃料油锅炉有爆炸的顾虑，也没有使用电力有漏电的可能。

四、空调设备余热、废热利用

（一）医院空调设备余热、废热的来源

民用建筑内的余热主要来自城市废气热力网、采暖和生活用汽－水热交换热器换热后的凝结水余热、中央空调机组冷凝水的预热、锅炉烟气余热等。

（二）医院空调设备余热、废热利用

由于有的城市热力网蒸汽凝结水不作回收，而医院中央空调机组冷凝水的排放量远大于生活热水的耗热量，故目前医院设计中主要考虑的是中央空调机组冷凝水的余热回收。设计生活热水的供水温度一般在 40～60℃，而冷凝水的出水温度一般在 35～37℃，为保证医院的供水水质，一般设计是串联一组板式热交换器或导流型热交换器，将冷凝水的热量回收，即将板式热交换器或导流型热交换器二次水侧的供水作为生活热水的预加热水，提高热交换器二次水（生活热水）的进水温度，从而达到节能的目的。

第三节　空调系统节能技术

医院空调系统的节能技术涉及空调系统的冷热源、冷热媒输送、空调末端技术、废热及余热的回收等多方面。每座医院应根据所处的环境、使用功能、投资规模和市政条件的不同，经过经济技术比较分析后，选用适合的节能技术。

一、次级能源的回收利用

在医院项目中次级能源回收利用的技术主要包括冷冻机冷凝热回收技术、

烟气热回收技术和排风热回收技术。

（一）冷凝热回收技术

1. 概述

所谓冷凝热回收利用技术就是将空调制冷用冷水机组冷凝器的排热作为冬季空调的热源或者用于预热生活热水的补水，以便充分利用本应排入大气的废热。

作为医院建筑来说，夏季空调供冷的同时，还需要生活热水的供热，这就给利用冷凝热技术创造了必要的条件。

根据对上海市卫生局规划财务处和部分下属医院的调研，一座 600 床的医院夏季生活热水（60℃）用量一般在 15～20m³/d，春秋季在 40～50m³/d；一座 900 床的医院夏季生活热水（60℃）用量一般在 30～40m³/d，春秋季在 75～100m³/d；一般非 24h 供应生活热水的医院热水供应的时间为 3～4h。因此，热回收型冷水机组完全有条件可以提供生活热水的预热。最大小时热水用量充分去利用夏季制冷机组的冷凝热，这是非常具有节能意义的。

在医院建筑中，热回收冷水机组的回收热量必须与之相匹配才能得到最佳的经济效益。因此在医院的冷冻机房中不应设置太大的冷凝热回收机组，否则即无法消耗掉其回收的热量，还会因冷凝温度提高而降低了机组的 COP。一般对于 900 床左右的医院，建议设置 1 台制冷量不超过 596kW（217RT）的热回收型螺杆式冷水机组。

2. 建议采用的热回收方式

若上述冷凝热回收方式回收的热水温度达不到生活热水或冬季供热的要求，也可采用高温水源热泵制冷机组，将普通制冷机组的冷却水作为热源，经水源热泵机组蒸发器吸热后，在冷凝器侧产生满足需要的高温热水，这样避免了采用燃气锅炉进行二次加热，减少了能源消耗，节约了运行经费。

3. 蓄热水箱

由于回收的热量主要用于生活用水的预热，而这部分热量的使用量是不稳定的，所以若要保持机组在热回收工况稳定运行，需要设置 2～3 个蓄热水箱，以储存冷凝器输出的热水，在蓄热水箱中使水温逐步升高。一般 900 床的医院在春秋季生活热水的最大日消耗量（60℃）在 100m³/h 左右，故建议设置 2 台 30m³（5m×3m×2m）的水箱，当水箱内水温达到低于机组最高进水温度时，热回收工况结束，夏季仍可维持预热生活热水量约 4h。水箱一般占用地下室或裙房屋面约 70m² 的面积。

目前，在酒店中普遍采用冷凝热回收技术，但是医院中应用得还是比较少。

（二）烟气热回收技术

烟气热回收技术是将锅炉、发电机等燃烧后排放的烟气进行热回收。对锅炉排烟温度有着明确的规定：

①额定蒸发量小于 1t/h 的蒸汽锅炉，不高于 230℃；

②热功率小于 0.7MW 的热水锅炉，不高于 180℃；

③额定蒸发量大于或等于 1t/h 的蒸汽锅炉和额定热功率大于或等于 0.7MW 的热水锅炉，不高于 170℃；

④额定热功率小于 1.4MW 的有机热载体锅炉，不高于进口介质温度 50℃；

⑤额定热功率大于或者等于 1.4MW 的有机热载体锅炉，不高于 170℃。

根据这些规定，对于符合条件的锅炉烟气必须进行热回收。一般情况下新出厂的锅炉均能满足这些要求。在锅炉房改造中应特别注意该问题。

（三）排风热回收技术

医院空调的能耗占到总能耗的 50%～70%，因此在医院的空调系统中，应采用一些节能措施来降低空调能耗。空调能耗中的 30%～50% 是新风能耗，这部分能耗在冬季甚至会超过 60%。通常处理新风所需的加热量或冷量，一部分会通过排风排至室外，因此采用排风热回收技术回收排风中的能量来预冷（热）新风，可以有效减少新风负荷，降低空调运行费用，并且可以降低空调系统的最大负荷值，从而降低冷热源设备装机容量，节约设备初投资。

医院建筑与办公、宾馆、会展等其他公共建筑相比，是一个非常特殊的场所。由于医院中数量众多的病人携带有各种病菌、病毒，特别容易造成交叉污染，对于身体虚弱的病人及长时间在此环境下工作的医护人员，良好的室内空气环境是他们安全和健康的保证。此外，核医学科、检验科、病理科等科室在治疗、检验、实验、组织解剖时会产生含放射性元素与甲醛等的有害气体，这些气体排放均需要补充大量的室外新风。医院建筑中除了良好的气流流向和压力梯度控制外，需要大量新鲜、清洁的室外空气用于稀释有害气体，满足人体卫生要求。因为医院建筑中，新风量和排风量相对较大，采用热回收系统就能达到良好的节能效果。

由于热回收系统价格较贵，需经过经济性分析比较后才能确定是否采用。对于人员密度大、人员和新风空调负荷大且人员密度变化较大的区域，如门诊挂号厅等，这些区域在 7：00～9：00、12：00～14：00 是人员密度高峰，其新风量的供应具有明显时间段的特征，可采用时间程序控制方式控制新风量，既方便又经济。

1. 医院常用热回收装置特点分析比较

按照工作原理不同，空气—空气热回收装置可分为：转轮式换热器、板式换热器、板翅式换热器、热管式换热器、中间媒体式换热器、溶液吸收式换热器和热泵式热回收装置。按照回收热量的性质的不同，热回收分为全热回收和显热回收。全热回收装置有转轮式换热器、板翅式换热器、溶液吸收式换热器，显热回收装置类型包括中间热媒式换热器、热泵式热回收装置、板式换热器和热管式换热器。其中，转轮式换热器、板翅式换热器存在室内排风泄漏至新风的风险，因而不能用于医院的病房、门急诊和医技等用房。

（1）显热板式换热器

显热板式热回收装置多以铝箔为介质，全热回收则以纸质等具有吸湿作用的材料为间质。这类热回收装置使用效果的好坏主要取决于换热间质的类型和结构工艺水平的高低。优点是：设备费用低，换热效率高，体积小，结构紧凑；缺点是：流道窄小，容易堵塞，尤其是在空气含尘量大的场合，随运行时间的增加，换热器效率急剧降低，流动阻力大。

（2）热管式换热器

以热管束为换热器，空调系统中的热管多采用铝—氨工质对，用于显热回收。根据金属管材质和充注工质不同，其适用温度范围为$-40\sim430℃$。热管式热回收装置属于相变传热，热管从冷端至热端具有近似零热阻特性，非常适合于空调送排风这种小温差类的换热系统。热管式热回收装置无运动部件，部件结构和密封工艺都相对简单。优点是：导热性好，传热系数是一般金属的几百乃至几千倍，结构紧凑，阻力小，不会出现交叉污染，流道不易堵塞。缺点是：组装起来比较复杂，对安装要求比较高，热管的倾斜度对传热特性有很大影响。

（3）中间热媒式换热器

通过泵驱动热媒工质的循环来传递冷热端的热量，在空气处理装置的新风进风口处和排风出口处各设置一个换热盘管，并用一组管路将两者连接起来，形成一个封闭的环路。环路内的工作流体由循环泵驱动，在两个盘管之间循环流动，将热量由一端带到另一端。里面流体工质可以是水，也可以是乙二醇水溶液等。具有新风与排风不会产生交叉污染和布置方便灵活的优点。缺点是需要配备循环泵输送中间热媒，因此传递冷热量的效率相对较低，本体动力消耗较大。

（4）热泵式换热器

热泵式热回收装置工作原理是将空调排风冷（热）量作为低温冷（热）源，增大空气源热泵在实际运行时的制冷（热）性能系数，利用热泵来获取高品质热能，达到节能的目的。这种类型热回收装置的优点是节能效率高，不需要提供集中冷热源，减少了空调水管路系统。缺点是热泵排风热回收机组需配备压缩机、冷凝器、蒸发器等一系列部件，结构较为复杂，噪声与振动问题比较突出，设备投资与维修管理工作量均大于其他类型。

（5）溶液全热回收装置

溶液全热回收装置以具有吸湿性能的盐溶液（如溴化锂溶液、氯化锂溶液等）作为工作介质。常温下一定浓度的除湿溶液表面蒸汽压力低于空气中的水蒸气分压力，可以实现水分由空气向溶液的转移，空气的湿度降低，吸收了水分的溶液浓度降低。稀溶液加热后，其表面蒸汽压力升高，当溶液蒸汽压力高于空气中水蒸气分压力时，溶液中的水分就蒸发到空气中，从而完成溶液的浓缩再生过程。利用盐溶液的吸湿、放湿特性，盐溶液具有杀菌和除尘的作用，能够避免新风和排风之间的交叉污染，实现室外新风和室内排风之间热量和水分的传递过程。

2. 排风热回收系统经济性

排风热回收系统的回收效率与热回收系统节能效益密切相关，在确定适用的热回收装置类型时，一般需要进行热回收系统经济性分析，以便进行回收期的比较。

热回收系统全年回收能量的计算方法一般采用以下三种：

焓频法：所谓焓频，是根据某地全年室外空气焓值的逐时值，计算出一定间隔的焓区段中焓值在全年或某一期间内出现的小时数，即焓值的时间频率。焓频从能量角度表征了室外空气全热分布的特性。

干频法：所谓干频，是根据某地全年室外空气干球温度值的逐时值，计算出一定间隔的干球温度区段中干球温度值在全年或某一期间内出现的小时数，即干球温度值的时间频率。干频从能量角度表征了室外空气显热分布的特性。

逐时计算法：在全年 8760 小时不同时刻中，室外新风的逐时温度和逐时焓值均在不断变化，因此，合理的计算热回收能量需要计算逐时不同的温度和焓值下新风节能量，累加起来计算出全年节能量。

其中，第三种方法计算结果更为准确，因而得到较多的使用。

3. 热回收系统在医院空调系统的应用

一个运转良好的医院空调系统应具备以下特点：①确保病人和医护人员舒适的温度和湿度；②保证医疗设备正常工作需要的温湿度；③严格控制建筑物内的气流方向和压力梯度；④提供充足的新鲜空气，有效排除污染空气，预防交叉感染；⑤节约运行能耗，降低运行费用。其中第④条与热回收系统选择是否适当有相当大的关系。医院中功能比较复杂，空气污染物种类繁多，主要为：病人呼出的含病菌的空气或飞沫；核医学科散发的核辐射气体；病理科散发的甲醛气体等化学气体；检验科受检物散发的异味；手术区域散发的麻醉气体；消毒供应中心散发的消毒化学品气味；空气传染性疾病诊疗室及病房中含传染性病毒或细菌的空气；模具制作时散发的含铅空气；等等。在选用热回收系统时，应考虑使用场所空气污染物的种类及危害程度，以避免排风中的污染物渗漏至新风系统中而污染室内空气。

（1）普通病房

普通病房一般收治内科、外科、小儿科、妇产科或者其他不同科室无传染性、无洁净要求的病人。空调设计为一般舒适性空调，病人密度较低，空气中病菌病毒含量相对较低，但是从安全性角度考虑，采用显热回收方式。国内医院病房的新排风系统一般按楼层采用独立新风系统，病房内排风通过卫生间竖向排风系统至屋面排放。如考虑热回收系统，热回收装置需放置于屋面，并通过集中新风竖井将新风送至各层新风机组入口。

（2）隔离病房、空气传染病房

隔离病房、空气传染病房一般采用全新风直流系统，原则上要求设置独立的空调送风和机械排风，室内有 12 次/小时以上的换气要求，并能够 24 小时连续运行。直流式系统能耗很大，有必要采用热回收系统，选用的热回收装置应避免排风和送风的直接接触或泄漏，新风口与排风口的距离应大于 20m。

（3）特殊病房

特殊病房包括重症监护室 ICU 及其他洁净病房。一般采用全空气净化空调系统，新风量大于普通病房，且 24 小时运行，采用新风热回收系统将具有较高的经济性。

（4）行政办公区域

行政办公区域为行政人员进行办公、会议的场所，与办公建筑的使用性质基本一致，空气中致病性污染物含量极低，一般可采用全热或者显热热回收装置。

（5）洁净手术室

为确保洁净手术室压力梯度处于完全受控状态，新风量及新风换气次数往往比医院其他区域大很多，新风冷负荷一般占空调冷负荷的 60％以上。洁净手术室运行时间较长，全年均需要空调供应，可谓医院中的耗能大户，采用排风热回收系统将有效地降低手术室的能耗费用。手术室净化空调系统一般采用集中新风处理，而排风按手术间分散设置。比较适合采用中间冷媒式热回收系统。

（6）门急诊

主急诊主要由各科诊室、候诊区、挂号、取药等组成，以上区域各种病人比较集中，空气污染物以病菌、病毒为主，一般采用显热回收装置。发热门诊及传染病门诊区的就诊病人携带传染性较强的病菌，该区域大多采用直流式空调系统，采用中间冷媒式热回收系统和热泵式热回收系统可完全将排风与新风进行隔绝，以避免排风渗透污染新风。

（7）病理科

病理科中切片室、巨检室等对人体组织进行处理，异味较浓，并且福尔马林溶液挥发性较大且对人体有毒害，排风需要经过净化处理后排至屋面。另外，病理科通风柜较多，通风柜的排风一般直接排至屋面。因此，病理科排风一般不采用热回收系统。

（8）检验科

检验科借助多种检测和科研设备，根据临床送检单对来自不同科室的血液、体液、排泄物等标本进行检测，室内空气中含有一定量的异味，一般需要排放至屋面。因此，病理科排风一般不采用热回收系统。

（9）放射诊断科

放射诊断科的设备一般有普通 X 线拍片机、计算机 X 线摄影系统（CR）、直接数字化 X 线摄影系统（DR）、计算机 X 线断层扫描（CT）、核磁共振（MRI）、数字减影血管造影系统（DSA）等。其诊断设备间内存在电离辐射危险，需要加强排风。其排风一般在屋面进行排放，不进行热回收。

（10）放疗科

放射科的直线加速器等治疗室，空气中含有辐射性灰尘，需要进行活性炭吸附或高效过滤器过滤，一般不进行热回收。制模室内空气含铅量高，需要进行活性炭吸附或高效过滤器过滤，一般不进行热回收。

（11）核医科

核医科建筑分为清洁区（办公室、会议室）；工作区（测量室、扫描室、示踪室等）和活性区（注射室、储源室、分装室、洗涤室、病室等）。清洁区可采用热回收方式，而工作区及活性区空气中含有放射性元素，需要进行活性炭吸附或高效过滤器过滤，一般不进行热回收。

（12）消毒供应中心

供应中心担负着医疗器材的清洗、包装、消毒和供应工作，分为污染区、灭菌区、清洁区和无菌区。消毒区域的排风一般为热空气或含化学气体，其排风不能进行热回收。污染区为污染器械等物品进行收受、分类及清洗的场所，该区域排风含菌量较高，其排风不进行热回收。无菌区为经过灭菌消毒处理后的物品进行分类存放的区域，一般采用净化空调系统，其排风可采用热回收。

二、目前手术室常用的几种节能措施

（一）变新风系统

根据规范，手术室新风采用新风集中处理，处理后的新风送到各手术室的循环系统。这种净化空调系统的特点是：各手术室空调自成系统，可避免交叉感染，而且各手术室也可以灵活使用，新风集中控制有利于各手术室正压要求。

夜间手术室停用时，为保证手术室的洁净度，要维持一定的正压值，这样必须有经处理的新风送入手术室，而送入的新风量与白天正常使用的量往往不一样，这样对新风机来说就存在两个不同的送风量。为降低能耗往往采用风机变频技术加以解决。

（二）新排风全热交换

新风预处理在能耗中占很大的比例，排风应通过热交换器预处理新风以达到节能的目的。为防止产生交叉感染，所以这个措施一般适用于级别较低的洁净手术室。

（三）百级手术室二次回风系统

洁净手术室设计中，一次回风系统的再热耗能问题是一直存在的，而在百级手术室中，送风量很大，如果继续采用一次回风系统，大风量的冷热抵消所造成的能源浪费是不能接受的。百级手术室应采用二次回风系统，在空调箱表冷段后再与回风混合一次来代替再热，这样可以在满足送风量的前提下，以达到节能的目的。

（四）洁净手术室空调水系统及冷热源的优化选择

医院空调系统有其鲜明的特性，由于使用性质的不同，要求也不同，有的需早期采暖；有的要全年供冷、供热同时存在；有的要 24 小时全天候供应；有的只要 8 小时正常工作等，因此在设计时要充分考虑上述因素。

一般情况下医院都有蒸汽或热水锅炉，通过设置不同换热量和不同出水温度的板式换热器来满足不同使用功能的要求。

洁净手术室冷冻水系统，有下列三种情况。

其一，冷冻水从整个大系统中引出，这要求把和手术室使用情况一样的各功能用房的负荷合并，如血液病房、DSA 房间、NICU 房间等，设置 1 台仅满足此负荷的冷冻机在夏季使用，过渡季和冬季可使用板式换热器结合冷却塔来提供免费供冷，运行较为经济，制热则使用锅炉结合板式换热器的系统。系统全年供冷、供热同时存在，满足手术室需要。

其二，采用四管制冷热水机组，即采用独立的空调冷热源系统，此系统是根据设计计算的空调冷热负荷选择不同制冷（热）量的机组，水系统完全独立，与整个医院的其他水系统分开。

四管制冷热水机组的工作原理是冷热量的回收和综合利用，由压缩机、冷凝器、蒸发器、可变功能换热器等组成。采用两个独立回路的四管制水系统，一年四季可实现三种运行模式（区别于热泵热回收机组）：①单制冷；②单制热；③制冷＋制热（设备自动平衡冷热量）。机组的壳管式蒸发器生产冷冻水作为系统的冷源，壳管式冷凝器生产热水作为系统的热源，翅片式换热器既可作蒸发器也可作冷凝器，并根据系统需要可实现蒸发器功能和冷凝器功能之间自动切换，进行冷热量平衡调节。四管制冷热水机组可代替锅炉＋冷水机组模式，实现一机多功能使用，同时满足洁净空调箱冷冻去湿、再加热的要求，达到洁净手术室温湿度的要求，实现节能的运行目的。

其三，采用六管制多功能热泵机组，它集冷热源于一体，一台机组 6 个接管，两个为冷冻水进出口，两个为空调热水进出口，两个为卫生热水（60～80℃），共 3 个完全独立的水系统。冷、热自动平衡，制冷量和制热量可分别实现 0～100％独立调节。

六管制多功能热泵冷热水机组除应满足夏、冬季设计工况冷、热负荷使用要求外，还应满足非满负荷使用要求，因此，单台机组应有 2 个（含 2 个）以上独立循环回路，并且含有热水模块，能提供 60～80℃卫生热水，卫生热水量可以按照要求提供 70～279kW。

（五）溶液除湿空调系统（温、湿度独立控制）

溶液调湿技术是采用具有调湿功能的盐溶液为工作介质，利用溶液的吸湿与放湿特性对空气含湿量进行控制。

室外新风由外界提供的高温冷水预冷除湿后，进入溶液调湿单元除湿。低湿状态的新风与回风混合后由外界提供高温冷水对混风进行降温，达到送风状态点。

除湿单元内，溶液吸收新风中的水分后，浓度变小，为恢复吸收能力，稀溶液被送入再生单元使用新风进行再生，再生后的浓溶液再送入除湿单元，如此进行循环。

由于温度和湿度采用独立控制，避免了常规系统中热湿联合处理带来的能耗损失；冷机制取高温冷水，蒸发温度提高，冷机 COP 可提高；溶液调湿系统处理湿负荷，高温冷机承担负荷减少，冷冻水流量随之减少，降低了水系统输配能耗。

溶液除湿空调系统可精确控制温湿度，避免出现室内湿度过高或过低现象。常规系统难以同时满足温、湿度参数的缺点得以解决，也可以满足不同房间热湿比不断变化的要求。

目前没有资料证明经溶液处理过的新风对人体有害，也没有资料证明经溶液处理过的新风对人体无害。

三、可再生能源的利用

（一）土壤源热泵系统

1. 概述

土壤源热泵系统又称为地埋管地源热泵系统，是一种利用大地的土壤作为热源或冷源，由水源热泵机组、地埋管换热器组成的空调供冷供热系统。

夏季，土壤源热泵系统将建筑物内热量散发至土壤中，冬季则将建筑物内需要的热量从土壤中取出，为一种可再生能源。一定深度下的地层温度稳定，夏季地温比大气温度低，冬季地温比大气温度高，与风冷热泵系统比较，系统COP值高30％以上，具有较好的节能性。地埋管换热器大多采用深井埋管方式，井深80～100m，上海地区每延米的换热量为30～50W，单井一般承担面积约40m²的建筑空调负荷，因此，地源热泵系统均需要占用较大的埋设地下换热器的空间。另外，土方开挖、钻孔以及地下埋管管材及管件、专用回填料等一次投资费用较高。

2. 设计注意事项

①医院建筑的空调负荷相对较大，而可用于地埋管的场地有限，因此土壤源热泵系统只能承担其中一部分的空调负荷。

②做全年空调冷暖负荷分析的时候，应充分考虑医院建筑中各单体建筑空调使用时间的差异。

③如全年热平衡存在问题，需考虑配置冷却塔进行辅助散热。

（二）地表水地源热泵

1. 概述

地表水地源热泵是利用江、河、湖、海等地表面水体为低温热源，由水源热泵机组、地热能交换系统和建筑物内系统组成的供热空调系统。

医院直接建在江、河、湖、海边的情况并不多见，但也不排除某些医院内会有河流与湖泊等水体存在，这为采用地表水地源热泵这一技术提供了必要的条件。

2. 设计注意事项

应对水体的水质、水温、潮汐、深度、航运、生物等情况作充分调查，并得到相关部门的同意批准。

由于冬季室外水温最低的时候也是医院供热量最大的时候，因此需对供热的可靠性进行分析评估，并在必要时设置锅炉备用热源。

（三）污水源热泵

1. 概述

污水源热泵是以污水作为热源进行制冷、制热循环的一种空调装置。这是实现污水资源化的有效途径。污水的特点是冬暖夏凉、全年水温变化小，受气候影响小，污水排热量稳定，来源稳定，接入方便。到目前为止，污水源热泵均是以城市污水为热源的，而新建医院采用处理的生活污水作为热源的实例还比较少。

大型医院的污水来源丰富，包括隔油处理后的厨房污水、住院楼生活污水、医技楼及门诊楼的医疗废水、消毒供应中心的废水等，排放量大且流量稳定，其中蕴涵丰富的低位热能，因而具备了采用污水源热泵系统的条件。由于医院污水种类较多，污水水质、污水温度、污水含菌量、含氯量等均有别于常规的城市污水，污水源热泵系统污水源侧的水质处理、换热方式以及热泵供冷供热系统均应该结合医院建筑特点进行分析和设计。

大型医院一般均设有二级污水生化处理站，其出水经过二次沉淀和生化处理，水质达到污水处理厂二次出水标准，有条件采用直接式换热方式的热泵系统。医院污水处理设施一般设置在医院院区内，室内用水点排放至处理池的距离较短，冬季温度损失相对于其他城市污水热泵系统更小，即冬季制热时可利用的污水温度更高，并且采用直接式换热，因而医院采用污水源热泵系统的经济系性更为优越，系统更简单。

2. 设计注意事项

①需充分掌握和了解在医院项目中采用污水源热泵的基本条件，包括污水的水质、排放量及波动情况、污水全年水温的波动情况，等等。

②结合空调负荷的计算，分析空调负荷和污水排放的特点，确定污水源热泵系统设置的可能性，配置合理的规模及评估对污水排放系统的影响。

③了解污水的处理方法及工艺情况，掌握水质对设备及管材的影响及解决方法。

④科学地制定污水源热泵系统的控制策略。

污水处理工艺流程：医院产生的污水主要来自诊疗室、化验室、病房、手术室等与医务人员和病人的生活污水；医院各部门的功能、设施和人员组成情况不同，不同部门科室产生的污水成分和水量也各不相同，如含菌废水、重金属废水、酸性废水等，其中生活污水、含菌废水直接进入污水处理站进行处理，重金属废水、酸性废水经过物化处理消除毒性后进入处理站。

（四）空气源热泵

1. 概述

空气源是利用室外空气通过机械做功，使能量从低位热源向高位热源转移的制冷/制热装置，以冷凝器放出的热量供热，以蒸发器吸收的热量来供冷。具体而言，是冬季利用室外空气作热源，依靠室外空气侧换热器吸取室外空气中的热量，把它传输到水侧换热器，制备热水作为供暖热媒；在夏季，利用空气侧换热器向外排热，水侧换热器制备冷水作为供冷冷媒。空气源热泵系统主要适用于夏热冬冷地区及无集中供热与燃气供应的寒冷地区的中小型建筑。

对于一些单体建筑较为分散、空调使用时间较为特殊、医院内某栋建筑距离集中供冷供热的管线较远，或者某些需要备有应急冷热源的部门（如手术室等），空气源热泵便是比较理想的空调冷热源方式，它无需冷冻机房和锅炉房。

在医院内一些需要生活热水的场所，还可使用带热回收的风冷热泵机组，即根据需要将热泵机组调节在风冷工况或热回收工况运行。一些医院的手术室采用了带热回收的风冷热泵机组，在供冷的同时，又为洗澡等用途提供了热水，而在没有生活热水需要时，又可将机组调节成风冷工况运行，由此取得了很好的节能效果。

2. 设计注意事项

根据建筑物的具体情况，确定风冷热泵机组的容量，特别是采用热回收型风冷冷水机组时，应对供热负荷做详细的分析，并确定机组合适的热回收量。

做好隔振、消声措施，减小机组对周边环境的影响。

第四节　电气系统节能技术

"节能降耗"是国家的基本国策之一，随着科学技术的进步，节能技术也在不断发展和提高。医院电气系统的节能技术涉及电气系统的供配电系统、用能监测系统、电气照明系统、太阳能光伏发电系统等方面。每个医院应根据所处的环境、使用功能、投资规模和市政条件的不同情况，经过经济技术比较分析后，选用适合的节能技术，既要采用高科技的节能技术，也要重视传统的节能方案，并逐步加以推广运用。

医疗设备相关的能耗占医院总能耗的比例很高，践行绿色医院理念，把国家节能减排的政策落实到医院信息化建设，是一种必然的趋势。

一、供配电系统的节能

（一）概述

供配电系统设计时应认真考虑并采取节能措施，其中降低供配电系统的线损及配电损失，最大限度地减少无功功率，提高电能的利用率，是当前建筑电气节能的重要课题之一。通过减少线路损耗、提高功率因数、平衡三相负荷、抑制谐波等技术措施，不仅可以实现节电10%～20%，而且安全可靠，绿色环保，还可以有效改善用电环境，净化电路，延长用电设备的使用寿命。

（二）负荷计算

负荷计算是供电系统的设计依据，目的在于尽可能准确地求出建筑所需的总负荷和负荷等级、类别，以作为确定供配电系统、选择设备、计算电压损失、无功功率补偿的依据。

医院的用电负荷以空调、照明负荷为主体，其中空调制冷占用电负荷的45%～55%，照明占30%，动力及医疗设备用电占15%～25%。

医院虽然为功能性民用建筑，用电设备较多，但其照明标准比商业楼、写字楼低，用电负荷不高。一般医院选用的变压器容量为65～75W/m²，大型综合医院的供电指标为80～90W/m²，专科医院的供电指标为50～60W/m²。

医院宜按门诊、医技和住院三部分分别计算负荷。门诊、医技用房的用电负荷主要为日负荷，住院用房的用电负荷主要为夜负荷。医院照明、空调、动力等用电负荷的计算与一般民用建筑基本相同，但医疗设备尤其是大型医疗设备用电负荷计算方法不同，对于多台断续工作的大型医疗设备可按照二项式法进行负荷计算。

（三）公示作用

①配电系统电压等级的确定：选用较高的配电电压深入负荷中心。用电设备的设备容量为200kW及以下的采用380V/220V电缆供电，200kW以上根据实际情况可考虑用母线供电，对于大容量用电设备（如制冷机组）宜采用10kV供电。

②合理选定供电中心：将变电所设置在负荷中心，对于较长的线路，在满足载流量热稳定、保护配合及降电压要求的前提下，应加大一级导线截面。尽管增加了线路费用，但由于节约了电能，因而也减少了年运行费用。根据估算，在2～3年内即可回收因增加导线截面而增加的费用。

③合理选择变压器：选用高效低耗变压器。力求使变压器的实际负荷接近设计的最佳负荷，提高变压器的技术经济效益，减少变压器能耗。

④优化变压器的经济运行方式：即最小损耗的运行方式，尤其是季节性负

荷（如空调机组）或专用设备，可考虑设专用变压器，以降低变压器损耗。

（四）功率因素补偿

如何提高供配电网络的功率因数，实行无功补偿，这是建筑电气节能的又一课题。无功功率既影响供配电网络的电能质量，也限制了变配电系统的供电容量，更增加了供配电网络的线损。对供配电网络实行无功功率补偿，既可改善电能质量、提高供电能力，更能节电降耗。

在供配电系统中，许多用电设备如电动机、变压器、灯具的镇流器以及很多医疗设备等均为电感性负荷，都会产生滞后的无功电流，无功电流从系统中经过高低压线路传输到用电设备末端，无形中又增加了线路的功率损耗。为此，必须在供配电系统中安装电容器柜（箱），通过电容器柜（箱）内的静电容器进行无功补偿，电容器可产生超前无功电流以抵消用电设备的滞后无功电流，从而达到减少整体无功电流，同时又提高功率因数的目的。当功率因数由0.7提高到0.9时，线路损耗可减少约40％。建议功率因数值补偿高压侧为0.9以上，低压侧为0.95以上。

无功功率补偿有两种方法：集中补偿和就地补偿。集中补偿时，宜采用自动调节式补偿装置，以防止无功负荷倒送，电容器组宜采用自动循环投切的方式。

容量较大、负荷平稳、经常使用的用电设备的无功负荷宜采用单独就地补偿的方式。在设计中尽可能采用功率因数高的用电设备。

（五）平衡三相负荷

在低压线路中，由于单相以及高次谐波的影响，导致三相负荷不平衡。为了减少三相负荷不平衡造成的能耗，应及时调整三相负荷，使三相负荷不平衡度符合规程规定。

（六）抑制谐波危害

供配电系统中的电能质量是指电压频率和波形的质量。电压波形是衡量电能质量的三个主要指标之一。特别是大型放射类医技设备，会产生大量的谐波。谐波电流的存在不仅增加了供配电系统的电能损耗，而且对供配电线路及电气设备也会产生危害。为了抑制谐波，通常在变压器低压侧或用电设备处设置有源滤波器、无源滤波器，或将有源滤波器及无源滤波器混合使用，还可以采用节电装置。通过上述措施有效滤除中性线和相线的谐波电流，净化了电路，降低电能损耗，提高了供电质量，从而保证系统安全可靠运行。

二、照明节能技术

（一）概述

照明节能设计应在保证不降低作业面视觉要求、不降低照明质量的前提下，力求最大限度地减少照明系统中的光能损失，最大限度地采取措施以利用好电能与太阳能。

（二）照明设计和设备选择

1. 照明设计

在进行照明设计时，应选择合适的照明方式和灯具。门急诊照明应能充分利用自然光，人工照明宜采用冷色调的漫反射型荧光灯；公共大厅应处理好自然光与人工照明的自然过渡，避免明暗差距过大带来视觉不适；病房照明宜采用暖色调的间接型或反射型荧光灯；手术室照明应选用洁净荧光灯、无影灯作为手术间局部照明，在手术台 30cm 范围内照度应达到 2000lx 以上。

如采用 LED 照明，每平方米面积消耗的功率约为现行值的一半，节能达到 50％及以上。

2. 照明的节能措施

①应根据国家现行标准、规范要求，满足不同场所的照度、照明功率密度和视觉要求等规定。

②应根据不同的使用场合选择合适的照明光源，在满足照明质量的前提下，尽可能地选择高光效光源。

③在满足眩光限制条件下，应优先选用灯具效率高的灯具以及开启式直接照明灯具。一般室内的灯具效率不宜低于 70％，并要求灯具的反射罩具有较高的反射比。

④在满足灯具最低允许安装高度及美观要求的前提下，应尽可能降低灯具的安装高度，以节能。

⑤合理设置局部照明，对于高大空间区域在高处采用一般照明方式，对于有高照度要求的地方，可设置局部照明作为补充。

⑥选用电子镇流器或节能型高功率因素电感镇流器，使荧光灯单灯功率因素不小于 0.9，气体放电灯的单灯功率因素不小于 0.85，并采用能效等级高的产品。

⑦主照明电源线路尽可能采用三相供电，并应尽量使三相照明负荷平衡，以减少三相负荷不平衡造成的能耗损失。

⑧设置具有光控、时控、人体感应等功能的智能照明控制装置，做到需要照明时，将灯打开，不需要照明时，自动将灯关闭。

⑨充分合理地利用自然光、太阳能源等。

3. 照明光源的选择

应根据不同的使用场合选择合适的照明光源，在满足照明质量的前提下，尽可能地选择高光效光源。

LED被称为第四代照明光源或绿色光源，具有节能、环保、寿命长、体积小等特点，可以广泛应用于各种指示、显示、装饰、背光源、普通照明和城市夜景等领域。LED照明使用的是一种更节能更环保的灯具，在一些不需要高质量照明的地方（如道路及车库），应尽可能使用，在一些用灯多且属于长时间照明的地方，可以考虑使用LED照明。

4. LED照明在医院中的应用

医院照明主要是为了满足医院对病人各种治疗的照明要求。医院照明追求的是舒适性和功能性。在医院诊疗区，LED照明通过控制系统对灯光照度变化的控制，创造出更柔和的氛围，改善人们的观感，改变诊间和病房的气氛，为病人和员工提升在医院的生活体验。在医院的设备机房、走廊、公共区域及地下停车库区域使用LED照明，可降低医院的营运成本。

LED灯在医院各个部门的使用，在满足了各个部门对照明的不同需求的同时，也满足了绿色照明的高效性和节能的要求。

（三）照明控制

应合理地设计照明控制开关，尽可能多地利用自然光，根据医院特殊场所的要求，对照明系统进行分散和集中、手动和自动、经济实用、合理有效的控制。

1. 定时上下班的区域

采用定时方式控制灯光、开关风机盘管。在工作时间相对灵活的区域采用人体感控制，做到无人则关灯、关空调。光线感应控制电动窗帘，可以在夏天光照强烈时挡烈阳，防止室内温度过高，节省空调。能耗中控电脑监视和控制各区域灯光、电动窗。

2. 公共通道、大厅、电梯厅

上班时间段定时控制灯光开关，下班时间段人体感应控制灯光；自然光线变强时，可自动将灯光关闭，节能，自然光变暗时，根据人员活动情况自动开灯；与消防联动，在出现消防报警时，可实现公共区域灯光强切或强点功能。

3. 会议室、报告厅

安装设计系列多功能温控面板，该面板具有灯光场景控制、温控、遮阳控制、遥控功能；安装人体感应，可做到有人则开灯、开空调，无人则关灯、关空调，避免长明灯现象；通过彩色触摸屏，可实现一键式场景控制。

4. 户外遮阳处

通过安装在医院大楼四个侧面的光线感应自动控制户外遮阳，以在夏天光照强烈时有效减少辐射热，防止室内温度过高，降低空调能耗。

（四）自然光的利用

自然采光是利用窗户或其他建筑开口来利用自然光的一种方法。通过自然采光能有效减少人工照明的电力消耗，达到节能的目的。自然采光可通过照明控制和室内的照度传感器、电动遮阳系统或电动窗帘系统进行联动设计，既能通过自然采光，又能保证照明的舒适度。

目前，很多在建和已建的医院都建有地下建筑，这些停车场面积大、光线差，需要大量的照明设备长期照明。由于各出入口与行车路线之间不是简单的一

一对应关系，因此很难用简单的强电控制方式实现停车场内部照明的自动控制，通常只能采用连续照明方式。有的地方虽然采用红外或声控开关来控制照明，但只能对某一个小区域（如出入楼梯口处）实现自动控制，而不能对全部停车场照明实现自动控制。这样不仅造成巨大的能源浪费和设备损耗，也给小区的物业管理造成很大的经济负担。

光导照明系统的出现，恰恰解决有效解决了上述问题。光导照明又叫日光照明、自然光照明、管道天窗照明、阳光导入照明和无电照明等。光导照明系统是通过室外的采光装置聚集自然光线，并将其导入系统内部，然后经由光导装置强化并高效传输后，由室内的漫射装置将自然光均匀导入任何需要光线的地方。无论是黎明或黄昏，甚至是阴雨天，该照明系统仍然能保证导入室内的光线十分充足。

光导照明系统既可应用于新建、扩建项目，又可广泛应用于既有建筑的改造，特别适合大型商业建筑和工业厂房的节能改造，安装后可以显著降低建筑物内部80％以上的照明能源消耗和10％以上的空调制冷消耗，减少大量二氧化碳的排放。系统使用寿命5年以上，各部件可以回收利用，不会对环境造成任何污染。

光导照明系统安装在建筑物内，使人们避免白天长时间生活在电光源下面，减少了许多疾病的产生，减少了白天照明停电引起的安全隐患和用电引起的火灾隐患。

光导照明系统不仅可以把光线传输到其他方法不能达到的地方，而且还可提高室内环境品质，是一种非常有效的太阳能光利用方式。

三、太阳能光伏发电系统

（一）概述

我国太阳能资源丰富，大力开发、利用太阳能等可再生能源是积极响应中央政府节能、减排号召，应对能源匮乏、缓解电力紧张、保障可持续发展的重要举措。清洁、无污染的绿色能源可以营造一种清新、自然、环保、健康、进步、面向未来的崭新形象，增强人们对可再生能源的认识，唤起人们对我们共同生活的地球的关爱。

（二）太阳能光伏发电的利用方式

太阳能光伏发电通常有两种利用方式：一种是依靠蓄电池来进行能量的存储，即所谓的独立发电方式；另一种是不使用蓄电池直接与公用电网并接，即并网方式。

1. 独立发电方式

独立发电系统一般由太阳板、控制器、蓄电池和逆变器等组成。独立发电方式由于受到蓄电池的存储容量和使用寿命等的限制，一般成本较高，且系统后续维护较麻烦，废旧蓄电池需回收处理，以防止二次污染。独立系统一般也称为离网系统，多用在偏远地区、电网敷设较困难的地区，也用于太阳能路灯、草坪灯、监控摄像头等系统中，作为独立电源使用。

2. 并网发电方式

并网发电系统一般由太阳组件、并网逆变器等组成。通常还包括数据采集系统、数据交换、参数显示和监控设备等。

并网发电方式是将太阳能电池阵列所发出的直流电通过逆变器转变成交流电输送到公用电网中，无需蓄电池进行储能，相比较而言，并网发电较便宜，而且完全无污染。并网发电系统采用的并网逆变器拥有自动相位和电压跟踪装置，能够非常好地配合电网的微小相位和电压波动，不会对电网造成影响。

（三）太阳能发电成本估算

中国陆地表面每年接受太阳能辐射相当于 49000 亿吨标准煤，全国 2/3 的国土面积日照在 2200h 以上。如果将这些太阳能全都用于发电，约等于上万个三峡工程发电量的总和。丰富的太阳能资源，是中华民族赖以生存、永续繁衍的一笔最宝贵的财富。

太阳能发电成本构成中，系统成本与日照时间影响最大。

计算太阳能发电成本需要以下数据：组件价格、其他系统成本、维护成本、折旧期限和日照时间。组件价格和其他系统成本构成了系统安装成本，这是最主要的部分；维护成本占比不高；目前晶硅电池的使用寿命超过 25 年，薄膜电池的质保条款亦规定 20 年，结合火电站的折旧政策，通常按照 20 年折旧计算。日照时间与各地日照条件相关，是影响成本的第二个重要参数。因此，太阳能发电成本的计算公式如式（5－5）所示。其中，太阳能发电成本单位为元/（kW·h），组件价格和其他系统成本单位均为元；日照时间为 kW·h/（kW·p）。

$$太阳能发电成本 = \frac{（组件价格 + 其他系统成本）/ 折旧年限}{日相时间 / 1000} + 维护成本$$

$$(5-5)$$

根据计算，中国的发电成本为 0.61～1.42 元/（kW·h）。

第五节　分布式供能技术

分布式供能系统是一种综合供能方式，相对于传统的大电厂集中式供电模式而言，以小规模、小容量、模块化、分散式的方式布置在用户端或靠近用户现场，独立输出电、热（冷）能的系统，并通过中央能源供应系统提供支持和补充。该技术以天然气为主要燃料，带动燃气轮机、微型燃气轮机或内燃机发电机等燃气发电设备运行，产生电力供应用户的电力需求，系统发电后排出的余热通过余热回收利用设备（余热锅炉或者烟气补燃型溴化锂吸收式机组等）向用户供热或供冷。分布式供能系统可实现能源综合梯级利用，具有总能效率高、排放量低等优点，是国家大力鼓励推广的节能新技术。

分布式供能项目具有以下重要意义：

第一，有利于实现能源的综合利用，推进循环经济和资源节约型城市建设。天然气热电冷联供系统集天然气清洁能源与高效发电方式于一身，在用能方式上，不仅在能的数量方面是合理的，在能的质量即能的品位方面更体现了合理性。

第二，有利于缓解夏季电力供需矛盾，具有削减夏季电力高峰、填补燃气低谷的优点，鉴于医院需要消耗大量的电能、蒸汽、热水和空调冷量等能源，为分布式供能系统的应用提供了极有利条件。

第三，有利于实现用能方式的多样化，发挥多种能源的互补优势，优化整合客户的能源供应系统，通过中央能源供应系统提供支持和补充。各系统在低压电网和冷、热水管道系统上进行就近联络和互通，互保能源供应的可靠性，提高客户供电安全性。

第四，有利于环境保护。燃烧天然气比燃煤能减少 60% 的氮氧化合物和

40％的二氧化碳，几乎没有硫污染物，分布式供能系统原动机采用新型燃烧和控制技术，使污染物排放水平更低。满足用户对多种能源需求的梯级利用方式，即更充分地利用上级能源系统排放的"废能"，如发动机排气余热，将部分污染分散化、资源化，实现适度排放的目标。

一、分布式供能技术概述

（一）供能方案选择——分布式能源系统

分布式能源系统，即冷热电联供系统，是指以天然气为主要燃料在用户侧安装发电机组，利用燃料高品位的能量进行发电，产生的电力满足用户的电力需求，同时通过余热回收利用设备（吸收式溴化锂空调机）回收发电所产生的烟气/热水热量，向用户供冷、供热，满足用户的冷热需要。

分布式能源系统通过能源的梯级利用，将高品质的热能用于发电，低品质的热能用于空调制冷或供暖及生活热水，是目前国际上常用的能量利用方式。

分布式供能系统在能源利用上，可以使系统输出的冷、热、电总能效率达到80％以上；在环境保护上，将部分污染分散化、资源化，实现适度排放的目标；在管理体系上，依托智能信息化技术可实现现场无人值守，各系统在低压电网和冷、热水管道上进行就近支援，互保能源供应的可靠性；在经济性上，用户可以节约能源费用支出。分布式能源系统对燃气和电力有双重削峰填谷作用。

相对于传统的单独供能方式，分布式供能系统能源综合利用率高，具有节能环保、安全可靠等优越性。在当前能源形势紧张、环保压力大和电力安全问题日益严重的形势下，分布式供能系统对用户和国家，具有积极的推广意义。

根据建筑物热电冷负荷的特点，分布式能源系统设计原则如下：①以电定热：通过用电负荷选择机组。②以热定电：根据用热需求确定发电机装机容量大小，这个电量就是项目发电量大小。发电产生余热，余热通过换热器制热，通过溴化锂制冷。③能源岛方案：除了燃气、水接入外，所有的电及冷、热负荷都自给自足。

分布式能源三联供系统在实际应用中，一般采用两种能源配置的原则：①"以电定热"，不足电力从电网补充，不足冷、热补燃解决；②"以热定电"，基本满足冷热负荷，不足电力上网补充。由于不同建筑及区域的使用条件不同，需要考虑建筑物冷、热、电负荷需求的协同性等问题，不同地区电力负荷存在差异，导致峰谷电价也存在一定区别，因此在设计冷热电三联供系统时，按照"以热定电""以电定热"的设计方案还需要综合考虑建筑物的需求、城市电价、燃气价格及区域气候等。由于为辅助建筑用能，除了系统自身优化外，还须同时考虑与用户周边环境等方面的联系，进而达到系统最优化，实现社会、节能和环保效益。

（二）分布式能源三联供系统的组合形式

1. 内燃机为核心的系统方案

内燃机不同余热形式的温度不同，冷热电三联供系统应针对不同品位的余热组织合理有效的利用方式，以实现能量的梯级利用。内燃机冷却水用于采暖和提供生活热水，夏季可用于驱动单效热水型吸收式制冷机制冷或驱动溶液新风处理机用于处理新风。

2. 燃气轮机为核心的系统方案

燃气轮机按其功率可以分为大型、小型和微型等；功率范围从几百兆瓦到几十千瓦不等；燃气温度也从 1000 多度到二三百度不等。燃气轮机发电后的余热只有排烟这一种形式，排烟温度在 $250\sim550\,℃$ 之间，氧的体积分数为 $14\%\sim18\%$，因而余热利用系统较为简单，可通过余热锅炉生成热水、蒸汽，也可直接通过吸收式冷温水机生产冷水（夏季）或热水（冬季）。燃气轮机排烟余热通常有三种利用形式，分别为蒸汽系统、烟气型吸收式冷温水机系统和热水系统

（1）蒸汽系统

燃气轮机的高温排气进入余热锅炉，产生蒸汽，供吸收式制冷机制冷，供换热器制成热水采暖，供溶液除湿新风处理机处理新风，以及供储热水槽制成生活热水。为了弥补产热量的不足和调节热负荷，系统中还应设置蒸汽锅炉。

蒸汽系统适合于蒸汽需要量比较大，蒸汽品质要求比较高的项目，例如医院等。

（2）烟气型吸收式冷温水机系统

烟气型吸收式冷温水机系统直接将燃气轮机排烟引入烟气型吸收式冷温水机，产生冷热水。在夏季供冷模式下，吸收式冷温水机产生冷水用于空调，还可以同时可以产生生活热水，或利用热水作为除湿空调系统再生加热的热源。在冬季供热模式下，吸收式冷温水机产生的热量用于采暖和生活热水。

（3）热水系统

燃气轮机的高温排气进入排烟换热器产生热水，进入热水型吸收式制冷机制冷用于夏季空调，进入热水换热器制热用于冬季供暖，供溶液除湿新风处理机处理新风，以及进入储热水槽制成生活热水。为了弥补产热量的不足和调节热负荷，系统中还应该设置热水锅炉。

（三）现阶段医院采用分布式供能的主要系统形式

现阶段医院采用分布式供能的系统形式主要有两种方案，根据医院的实际

情况决定采取的系统形式。

方案Ⅰ：利用发电机组的热量，通过热水/蒸汽锅炉，提供生活热水和空调供热，即热电联产（二联供）。

方案Ⅱ：相比方案Ⅰ，增加了溴化锂制冷机组，提供空调制冷/制热，即冷热电联产（三联供）。

（四）医院建筑的热电冷负荷的特点

随着城市化的不断推进和人们生活水平的持续提高，人均占有医院面积将逐步增多。医院建筑作为一种特殊的建筑形式，其能耗已引起了多方面的关注。据统计，医院建筑空调系统的年一次能耗一般是办公建筑的 1.6～2.0 倍。

医院建筑所需的能源种类繁多，包括冷、热、电、水、汽、燃气（燃油）及医用蒸汽等。目前，除部分地区仍使用燃煤锅炉外，医院的热源主要是燃气锅炉或燃油锅炉，介质为热水或蒸汽。其中热水主要用于生活热水、洗浴热水和冬季采暖供热，蒸汽主要用于消毒、营养厨房、洗衣房及空调加湿等。医院的能源消耗主要用于空调系统夏天供冷、冬天供热，病房、洗衣房等用热水和蒸汽，消毒、无菌用蒸汽，空调用电、医疗器械、照明、电梯等用电。根据医院规模、专业门类等的不同，冷、热、电负荷会有所不同。

由于医院建筑用电和用热量都较大，且全年都有比较稳定的冷、热、电需求，且分布式能源系统对燃气和电力有双重削峰填谷作用，一般而言，电力高峰和燃气低谷同时出现在夏季。采用分布式能源系统后，燃烧天然气发电和制冷，增加夏季的燃气使用量，减少夏季电空调的电负荷，同时降低区域电网的供电压力。医院建筑是分布式供能系统较合适的用户。

（五）分布式供能系统的组成

分布式供能系统利用同一原动机将电力、热力与制冷等多种技术结合在一起，实现多系统能源容错，将每一系统的冗余限制在最低状态，利用效率发挥到最大状态。

天然气分布式供能系统的主要组成设备如下：

原动机：燃气内燃机、燃气轮机、微型燃气轮机、热气机等。

余热利用设备：换热器、余热溴化锂制冷机组等。

控制系统：集中控制、并网控制、远程监控等。

根据用户具体用能需求及系统形式，可选择不同的原动机和余热利用设备。

1. 发电机的形式及容量

目前用于医院分布式供能系统常用的原动机主要有小型燃气轮机、内燃机和微型燃气轮机三种形式：

（1）小型燃气轮机

小型燃气轮机与大中型燃气轮机几乎完全相同，采用轴流式压气机和轴流式透平，叶片的冷却模式也与大中型机组相同，由于技术成熟，目前的价格相对较低。小型燃气轮机的发电效率与大中型机组相比也相差无几，ISO 工况电效率目前多为 27.0%～39.0%，小型燃气轮机的发电效率较高。为了便于尾部烟气的综合利用，同时使系统比较简单，实际应用的小型燃气轮机大多采用简单循环的布置形式，只有少量对发电效率有特殊要求的场合使用回热循环或注蒸汽循环。由于采用了低 NO_x 燃烧技术、采用注水、注蒸汽技术或是在烟气中使用选择性还原技术，小型燃气轮机的 NO_x 排放可以被严格控制。

小型燃气轮机排烟温度通常为 450～550℃，而内燃机排气的温度通常为 400～450℃，包含的能量为输入能量的 15%～35%，另外冷却用的缸套水带走了 25%～45% 的输入能量，出口温度一般在 55～90℃。内燃机系统中缸套水热量占有较大的比重，这部分热量由于温度太低，比较适合于供热，用于制冷时效果较差。与内燃机系统相比，燃气轮机系统烟气中包含的热量更多，且温度较高，因此更利于冷热电联产系统中供热、制冷子系统的回收利用。

燃气轮机中燃料的燃烧为扩散或预混火焰，燃烧区温度场相对比较均匀，而内燃机为爆燃式设备，燃烧温度可达到很高的水平，热力型 NO_x 的生成量显然较高，燃气轮机与内燃机相比在污染物的排放上有一定的优势。

由于燃气轮机为高速旋转设备，所产生的噪声为高频噪声，很容易被吸收屏蔽，传播距离很近。而内燃机为往复式机械，产生的低频噪声很难消除。燃气轮机的装置轻小，重量和所占体积通常只有内燃机的几分之一，因此消耗材料也较少。但目前燃气轮机的制造成本略高于内燃机。

目前小型燃气轮机主要产品还是依靠从欧美、日本等厂家进口。国内独立生产的产品很少。

（2）燃气内燃机

内燃机是一种动力机械，它是使燃料在机器内部燃烧，将其释放出的热能直接转换为动力的热力发动机。广义上的内燃机不仅包括往复活塞式内燃机、旋转活塞式发动机和自由活塞式发动机，也包括旋转叶轮式的燃气轮机、喷气式发动机等，但通常所说的内燃机指活塞式内燃机。

活塞式内燃机以往复活塞式最为普遍。活塞式内燃机将燃料和空气混合，在其汽缸内燃烧，释放出的热能使汽缸内产生高温高压的燃气。燃气膨胀推动活塞做功，再通过曲柄连杆机构或其他机构将机械功输出，驱动从动机械工作。

内燃机为往复式机械，有更多的活动部件，维修成本较高。根据内燃机的技术特点，主要适用于对排放、噪声、场地要求不是很高的场合，但其要求燃气的进气压力较高，一般要达到 0.8MPa 以上。

内燃机的特点包括：①热效力高：最高有效热效力达已达 46％；②功率范围广：单机功率可从零点几到几万千瓦，适用范围大；③布局紧凑、质量轻、内燃机整机质量与其标定功率的比值（称为比质量）较小、便于移动；④启动灵敏、操纵精练；⑤余热分别来自烟气、缸套冷却水和润滑油冷却水；⑥对燃料的洁

净度要求严格；⑦噪声大，特别是低频噪声，需要对机组进行隔声降噪处理；⑧布局复杂，需要的机房面积较大。

（3）微型燃气轮机

微型燃气轮机是一类新近发展起来的小型热力发动机，其单机功率范围为 25～400kW，采用径流式叶轮机械（向心式透平和离心式压气机）以及回热循环。

微型燃气轮机具有多台集成扩容、多燃料、低燃料消耗率、低噪声、低排放、低振动、低维修率、可遥控和诊断等一系列先进技术特征，除了分布式发电外，还可用于备用电站、热电联产、并网发电、尖峰负荷发电等，是提供清洁、可靠、高质量、多用途、小型分布式发电及热电联供的最佳方式，无论对中心城市还是远郊农村甚至边远地区均能适用。

2. 发电机容量的确定

根据上述全年电力负荷分析，最低负荷在 520kW 左右，而在 6 点至 22 点时段内最小负荷为 600kW，考虑到一般医院建筑至少设置有两台变压器，因此单台变压器的最低运行负荷为 300kW 左右。综合上述因素，并考虑到一定的安全裕量以防止逆潮流，发电机组的发电容量宜为 250kW 以下。

医院发电规模在 250kW 以下的可选天然气内燃机发电机组和微型燃气轮机。其中微型燃气轮机目前可选厂家较少，200～250kW 级微型燃气轮机主要为两家，且单价较高，发电效率一般为 25％左右，总体效率小于 80％。而天然气内燃机组厂家众多，选择余地较大，发电效率一般为 35％，总体效率为 85％以上，且设备单价低于微型燃气轮机。

另外考虑到医院需要大量的热水，而内燃机余热中有 50％为缸套热量回收的热水，因此从设备厂家选择、技术经济、余热利用等方面的考量，一般建议采用天然气内燃机作为发电机组。

3. 余热利用设备

天然气发电机机组的余热包括两部分，缸套水回收和高温烟气。考虑系统应用的简便性，将来自缸套回收的热水和产生的高温烟气均送入换热系统，即发动机的余热全部转换成 90℃的热水。对于二联供系统（热电联产），该热水

通过水/水换热器生产60℃的热水供医院生活热水。对于三联供系统（冷热电联产），该热水一部分通过水/水换热器制取医院生活热水，剩余的部分直接供热水型溴化锂制冷机组供冷。

（六）系统设计的原则和配置

分布式供能对于综合性医院来说是一项适用的技术，其关键在于热电的供需平衡，否则会极大地影响系统的经济性。规划建设阶段应将传统的供能系统与先进的"分布式供能系统"统一考虑，有机结合，互为利用，以达到用能配置更合理、更安全，用能效率更高，降能耗、降成本的节能减排目标。

1. 系统方案设计的原则

综合考虑系统的电、空调冷热负荷、生活热水负荷及利用方式，使电供给、空调、热水都能自行平衡，在满足需求的前提下优化系统配置。

充分考虑到初投资、运行费用、管理维护等因素。符合当地的环保指标和消防要求。

2. 设备选型原则

发电机组输出电力并网不上网，发出的电力全部内部消耗使用，不足部分由电网补充。

采用"以热（冷）定电"原则，机组回收的热全部用于大楼的空调制冷/供热和生活热水供应，不足部分由原有系统补充。

二、分布式供能系统的经济分析

使用分布式供能系统后，在实现同样供能效果（等量电、生活热水或空调冷热水）的情况下，比使用其他供能系统所支出的能耗费用有所降低，所降低的这部分能耗费用，就是分布式供能系统节能产生的经济效益。

分布式供能系统初次一次性投资见表5-1。

表 5-1　　　　　某医院分布式供能系统初次一次性投资组成

分布式供能系统组成	金额（万元）
发电机组	200
余热利用设备	70
安装工程	60
配套设备	40
并网系统及设计	50
合计	420

能源消耗比较的范围为热电联产系统所产生的电和生活热水。在分产方案

能源消耗计算中，联产方案的发电量由电网购得，生活热水由燃气锅炉供应。根据能源消耗的数据，进行系统运行费用比较、静态回收期和节能量的比较。

在分布式供能系统设计容量小于用户热水、空调、电力的基本负荷，保证分布式供能系统有足够的年运行时间的条件下，采用较大装机容量、充分考虑空调热负荷的配置方案，会获得较好的年收益和较短的投资回收期。

三、分布式供能的燃气供应

分布式供能主要由城市中压燃气管网供给，天然气供应系统由供气管道、调压装置、过滤器、计量装置、监测保护系统、温度压力测量仪表等组成，再根据原动机所需燃气压力进行增压。

（一）医院用天然气的压力级制及技术标准

内燃气管道的压力级制，见表5—2。

表5—2　　　　　　　　　　　　内燃气管道压力级制

名称		压力（MPa）
高压燃气管道	A	2.5＜P≤4.0
	B	1.6＜P≤2.5
次高压燃气管道	A	0.8＜P≤1.6
	B	0.4＜P≤0.8
中压燃气管道	A	0.2＜P≤0.4
	B	0.01＜P≤0.2

（二）原动机的所需燃气压力级制

医院常用的三种形式的发电机：微型燃气轮机、小型燃气轮机、内燃机。

发电机采用的天然气压力均为次高压燃气，为此需城市中压引入原动机房后，再进行燃气增压到设备所需的压力。这个过程需要压缩空气机的配合，增加部分能源消耗，因此原动机热回收效率应扣除此部分能源。

（三）发电机的燃气供应流程

发电机的燃气供应流程为：城市燃气管网→紧急切断阀→中压计量表组件→紧急切断阀→天然气增压机→切断阀组→原动机。

在分布式供能的燃气供应设计中，除需要满足国家技术和标准外表5—3，还要考虑适应各地方技术标准、消防安全、稳定供气以及远期发展等诸多因素，树立以用户需求为中心、以人为本的设计理念，"安全""高效""节能"是最佳设计方案。

表 5—3   发电机的不同设置场所的天然气允许最高入室压力

建筑分类	站房位置	原动机设置		天然气允许最高入室压力（MPa）
工业建筑	独立建筑	地上	所有原动机	不大于 2.5
		地下		
公共建筑	非独立建筑	地下	所有原动机	不大于 0.4
		首层		
		中间层	进气压力不大于 0.4MPa 的原动机	
		屋顶	所有原动机	
住宅楼	所有楼层		进气压力不大于 0.2MPa 的原动机	不大于 0.2

第六章　医院建筑运行与维护中能效提升技术

第一节　医院建筑运行与维护中能效

近年来，增量医院建筑的能效提升得到普遍重视。但是，由于发展局限以及规划设计、建筑实施以及运行管理等因素的影响，大部分存量医院建筑存在能源结构与应用不合理、能耗偏高、能效低下等问题。所以，有必要从发展的角度，围绕医院建筑结构、设备运行、能源利用等方面，对医院建筑能效提升适宜技术进行探讨，筛选运行维护中的医院建筑能效提升适宜技术。

根据国家对大型公共建筑能效测评、评估与能效提升的要求，多从以下方面考虑医院建筑能效提升适宜技术，包括：围护结构、可再生能源利用、自然通风采光、室温调节、蓄冷蓄热技术、能量回收、余热废热利用、空调供暖冷热源、水泵与风机、水量与风量、控制方式、照明、楼宇自控、管理方式等。

能源结构优化主要考虑可再生能源应用与能源利用效率的提高。医院建筑可再生能源利用一般有太阳能、地热能、风能以及生物质能等，目前以前两种居多。对于高层建筑屋顶微风场资源丰富的区域，还可以考虑微风发电机组应用。对于空调、热水器等高耗能设备应优先选用能源效率高的能源供应，如空气能产品等。

医院建筑围护结构应注重外墙的外保温与内保温、夹芯保温结构的保温隔热与屋顶保温。采用架空通风、屋顶绿化、蓄水或定时喷水、太阳能集热屋顶以及智能化通风屋顶等屋顶隔热降温方法；降低外窗传热、改善材料保温隔热性能、提高门窗密闭性等外窗节能技术也同样重要。其他如使用中空玻璃、镀膜玻璃、智能玻璃、采用内外遮阳技术、减少窗户面积、不用或少用大面积玻璃幕墙等，都能起到一定的节能或能效提升作用。

室内环境能效提升包括冷热负荷的采集和精准计算以及与高效暖通系统的合理供应匹配，其他如热泵系统、蓄能系统和区域供热、供冷系统的智能化调节应用，均可以减少能源消耗，提高能源使用效率。

注重端建设，在供暖（制冷）系统与相关设备、网管传送端以及室内环境控制末端加装具有用能计量功能的智慧终端等，可以弥补在设计安装阶段的缺陷，在运行维护、系统调适等运行管理环节发挥节能与能效提升作用。在冷热源系统节能方面，可利用先进控制技术与区域传感器等智能终端相结合，达到舒适和节能的双重效果；采用新型的保温材料送暖管道新材料包敷技术以减少管道的热损失、低温地板辐射技术，在提供分布均匀舒适的室内温度的同时，具备节能好、可计量、易维护等优点。

自然采光、屋顶绿化、调节局部空气质量、吸收和过滤雨水等，还可以减少对暖通空调、人工照明等的依赖，有效降低建筑能耗。

医院建筑能效提升技术目前包括以下几个主要方面：围护结构能效提升技术；低压侧配电与电能优化能效提升技术；暖通空调与室温相关能效提升技术；照明相关能效提升技术；电梯储能与能效提升技术；新能源利用能效提升技术；分布式能源站技术、储能技术等。

一、医院建筑运行与维护

（一）运营前调适

医院建筑自建成投入运营起，就进入了运行与维护阶段，开启了医院建筑以及建筑相关的系统、设备以及流程的启动、运行、维护、调整以及维修之旅。

医院建筑运行维护的基本目标是运行环境稳定可靠、运维服务与经济最优化。

为了达到上述目标，确保医院建筑的持续高效运行与合理有序维护，对于即将投入运营的医院建筑，需要根据建筑调适标准与导则，梳理协调涉及规划设计、施工安装、设备运行、系统维护等方面的功能，为医院建筑全生命周期的运行与维护奠定良好基础，尤其是做好以下几个主要阶段的建筑调适，包括：试运行前的设备检查阶段、设备的单机试运转阶段、单机设备和系统性能测试阶段、系统的调整和平衡阶段、自控验证和综合性能测试阶段。医院建筑调适对评估医院建筑的能效，确保达到高效率运行的绿色医院节能标准以及制定绿色运维策略具有重要意义。

（二）运行与维护

医院建筑运行是指医院建筑相关系统、设备的日常巡检、启停控制、参数设置状态监控一系列安全保障与优化调节行为。

医院建筑维护是针对在医院建筑相关系统、设备的日常巡检中发现的问题进行调整修正的行为。一般分为预防性维护、预测性维护以及必要性小型维修等。

随着5G时代的到来，融合了云计算、大数据、移动互联网及人工智能的能源物联网、建筑物联网、设备物联网成为必然趋势，无人值守以及智慧巡检将在医院建筑运行与维护中发挥重要作用。

运行与维护范围包括医院建筑基础设施、系统电气设备、电子信息系统、电气系统、通风空调系统、照明系统、智能化系统、消防系统、环境参数等。

电气系统作为重要的供能系统，主要包括系统配电如高压供电设备、变压器、低压配电设备、不间断和后备电源系统UPS、直流电源系统、蓄电池、柴油发电机、配电线路布线系统、防雷与接地系统等。照明系统包括正常照明、备用照明、消防应急照明等。

国家建设与卫生管理部门出台了相关医院建筑建设标准规范，随着绿色医院建设的发展，相关行业组织也陆续编制出了一些导则，但实际上，国内各级医院都会根据医院建筑特点及运行需要，制定针对自己医院建筑的运行、维护及保养规定与操作流程。

二、医院建筑运维中能源、能耗与能效

（一）能源结构与能耗特点

医院的能源一般包括电、水、（燃）气、（蒸）汽、热、油、煤等。医院的能源消耗（能耗）主要应用于诊疗、动力以及环境保障等方面，包括设备使用、光照度、温湿度、空气质量等。黄河以南，尤其是长江中下游以南区域的医院建筑能耗大多以电为主，一般占到50%～70%或更高；黄河以北范围内，由于冬季统一供暖，医院建筑能耗中电的占比相对来说要低10%～20%或更多。

随着区域性分布式能源的逐步应用，包括燃气锅炉、燃气热泵使用的增加，天然气在医院能源消耗中的比例明显提高；从分项用电占比来看，照明与插座用电、空调用电为主要用电分项，各类型建筑这两项之和均超过70%。

由于医院建筑设计中暖通空调（HVAC）系统冷热源差异、空气源热泵、水地源热泵等应用的不同，水资源综合利用以及中水处理的重视程度与措施手段不同，医院能源在水消耗方面会有较大差异。

另外，传统能源如煤、柴油等在部分医院能源保障与使用中仍然占有一定比例。但是国内许多大型新建医院，对能源规划与管理、能源中心建设尤其是能源物联网理念也缺乏了解，未能统筹考虑医院建筑的供能、用能、储能与节能等方面，备用发电机仍然会选择传统的柴油发电机。除去效率与环保因素，

仅定期运行保养本身就会形成可观的无谓能源消耗。

随着医院规模的扩张以及诊疗设备的不断增加，医院建筑正在成为大型公共建筑中能耗最高的建筑类型。医院建筑相对于其他公共建筑的用电强度更大、使用功能更为复杂。医疗卫生建筑非工作日仍有大部分科室运营（如急诊、病房等），工作日与非工作日用电差异率明显小于办公类建筑，且在不同季节差异率基本一致，这也是医院建筑运营的特殊性。在峰谷用电情况方面，相对于其他大型公共建筑而言，医院建筑的用电峰谷情况要小一些，不同地区略有差异，但削峰潜力要小于其他类型建筑。

因此，提高医院建筑能效，推进医院建筑能效提升适宜技术使用，已成为当前形势下医院迫切需要落实的任务。

（二）能效与能效提升

能效一般指发挥作用的与实际消耗的能源量之比；能效提升指单位能源消耗所提供的能源服务量的增加，可以满足上述要求的技术即可理解为能效提升适宜技术，即用更少的能源投入提供同等的能源服务。医院建筑能效指的是在医院建筑中能发挥实际作用的能源量与医院建筑所消耗的能源量之比。

提高医院建筑能效是在提高能效的基础上降低能源消耗，即在不低于或等于原用能环境质量的情况下，降低能源功率或减少能耗，不是通过降低工作或环境品质来实现减少能源使用。

以医院（室内外）照明节能为例，医院消耗的能源一般为电能，能效提升的方式有减少功率消耗和减少电耗两种方法。减少功率消耗的方法如在同样照度、色温等照明环境下，通过区域或全域的智能照明控制以及选用更低功率的高效光源如 LED 光源等，替换传统的荧光灯、金卤灯包括低效 LED 光源，在减少功率消耗的同时保持原照明质量。而采用保持原光源而减少电能消耗的方法，就只能是通过管理手段减少光源数量或减少照明用电时间以降低电能消耗，有些医院采用间隔亮灯的方法，虽然减少了电能耗，但却牺牲了照明质量，这并不可取。

医院建筑除照明之外，其他如围护结构、低压侧变配电与电能质量、暖通空调（HVAC）、新能源利用等能效提升适宜技术的合理应用，都会在带来医院建筑运营成本降低的同时，提升医院管理水平，尤其是提升医院后勤的管理水平，提高医院服务水平，增强医院竞争力。

第二节　基于 BAS 的人工智能中央空调能效提升技术

　　围绕医院建筑空调冷热源群控与楼宇自动化控制系统的协同提高冷热源群控的自动化和能效水平。尝试利用人工智能的搜索与规划技术而不是依靠人类工程师设计的控制逻辑和策略对中央空调的冷热源进行控制，能够自主灵活地应对日常使用需求，并在节能方面表现出潜力。基于这一技术并使用机器学习手段根据楼控系统提供的数据预测建筑物的空调负荷需求，有助于减少空调的过量供应，降低空调能耗。

　　目前的楼宇自动化控制系统主要由可编程逻辑控制器（PLC）或直接数字控制器（DDC）以及管理软件组成。由自控工程师根据人工控制楼宇设备（空调、照明、电梯等）的方式编写代码并下载到控制器中自动执行。针对中央空调冷热源（主要包含冷机、锅炉、水泵、冷却塔等设备）的控制系统通常被称为"群控系统"。一方面大量的楼宇自动化设备（传感器、执行机构、控制器等）闲置不用，另一方面由于调节不及时造成大量资源（能源、人力、空间、时间）浪费。

一、人工智能的节能

　　在考虑节能要求时，实际上是千方百计追求"在未来一个时间窗口内，以最低的总能源费用运行各类设备满足末端负荷需求"这个目标。前面已经提到达到这个目标可能的控制方案为数众多。传统做法中使用的静态的可以轻松描述的节能策略实际上是总结出来的在现场大多数时间有效（但肯定不是最有效）的粗糙方案（用语言精确界定这些方案的适用边界很困难），是为了避免在不断变化的工况下进行繁杂的计算来挑选最佳方案的麻烦而采用的一种折中的技术手段，或多或少牺牲了控制方案的经济性。

　　（一）人工智能优化搜索技术

　　群控问题中现场情况可能的组合超过了常人能处理的极限，而人工智能中的优化搜索技术擅长解决组合爆炸问题。它将"在未来一个时间窗口内，以最低的总能源费用运行各类设备"作为任务目标，将末端负荷需求、管路连接关系、设备的安全运行作为这个任务的约束条件，将群控任务转化为一个混合整数规划问题（该问题不仅涉及设备启停这类离散变量，还涉及设备开始运转后运行参数的设定，比如冷机的供水温度和水泵的频率等）交给人工智能的优化搜索方法求解。计算机将当前状态（各设备的运行状态和处于该状态的时长）

作为搜索的起点。计算机可以同时采取加/减冷机、提高/降低供水温度、加/减水泵、提高/降低供水泵频率等多种操作中的一种或多种，使空调冷热源的状态变化到新的状态（5min后状态）。计算机根据负荷数据、运行约束、设备性能、能源费用等检测出那些危险状态（导致冷机断水等危险的状态）、有潜力的状态（满足空调需求、安全、能耗费用较低）和可行的状态（满足空调需求、安全、能耗费用没有优势），然后放弃危险状态并将计算资源分配到后二者上继续搜索下一阶段的操作获得下一阶段的状态（25min后状态），以此类推直到获得理想的控制路径或者达到规定的搜索步长（数小时后的状态）。

搜索得到的最佳控制路径（对应于前面提到的时间表，但包含更多的步骤）规定了从当前开始的一个时段内不同时间点上不同设备的启停指令或参数调整指令。例如：当前是1：00，最佳控制路径要求1：00启动1号变频冷冻水泵，频率设在40Hz，同时启动2＝工频冷却泵；1：05启动3♯冷冻机，供水温度设在8.5℃；1：25启动1♯和2♯冷却塔风机。如果当前时间点对应的指令有别于计算机最近一次向对应设备发出的指令，计算机将当前时间点的指令发往对应设备，否则保持"沉默"。计算机等待了数分钟后或者检测到现场设备的状态发生变化或出现了需要关注的事件（比如设备突发报警）会根据冷热源系统的当前状态重新搜索最佳控制路径，再次将对应当前时段的指令发往对应设备，周而复始。采用这种滚动方式依赖优化搜索技术而不是人工预设的控制逻辑实现了冷热源的自主控制。

（二）最小化能源费用

由于任务目标包含了最小化能源费用的要求，这种方法在系统控制层面天然地带有能效提升与节能功能。与相对固定的人工策略相比，人工智能动态制定的控制方案更有"科学性"甚至"创造力"。

通常风机开启时冷却塔的散热能力比不开启时高出一个数量级，而风机的总功耗通常与冷却水泵的功耗没有这么大的差别，因此多数情况下冷却水系统的效率随风机数的增多而提高。人工智能系统可能从各控制路径能耗数据的差异中"发现"并充分"利用"了这个特性，当散热需求很高时，采用开启所有风机的方式高效散热，而当散热需求降低时采用关闭风机的方式最大化降低冷却水系统的能耗。

（三）空调负荷预测

过去习惯从总管的温差和压差判断空调的负荷需求。这些方法与建筑物真实的负荷需求间没有量化的联系，与末端用户的感受也没有必然联系，不能给出负荷在未来的变化趋势，也不能给出建筑物对制冷/制热的响应能力。通过采集室内温湿度等需求侧数据以及制冷热量等供应侧数据并利用机器学习算法计算出大楼当前的负荷需求和未来的变化趋势。

采用该方法预测某医院（含住院部）建筑在春夏过渡季节从凌晨开始未来24h的制冷负荷变化。高负荷时段出现在上午9点到晚上9点间，这可能是该时段内病人和家属的活动程度高于其他时段造成的。

二、减少空调过度供应

医院的空调负荷需求在一天不同时段中显著变化，由于手动运行很少主动调整制冷/制热量，又缺乏直接感知末端温度的手段导致室内温度在大范围内波动。如果冬季室外温度为4℃，要求室温22℃以上，手动运行时室温的波动范围为±2℃，为避免"最冷"时被投诉，运行人员会尽可能加热室温到24℃，这样室温就可确保在22℃以上，无需调整冷热源就可"高枕无忧"了。可是由于医院通风量大，大量从4℃加热到平均24℃的热空气白白散到大气中，造成巨大的浪费。

通过BAS系统采集室内温度实时计算建筑物的冷热负荷需求，通过群控系统随时调整空调冷热源的制冷/制热量，使室内温度的波动范围显著低于手动阶段。有利于实现室温的卡边控制（夏天紧贴舒适温度的上边界，冬季紧贴下边界），减少空气流通带走的空调冷热量。假设采暖阶段室温稳定在所需的22℃，散失的是从4℃加热到平均温度为22℃的热空气，热量散失比手动方式减少了约10%（2℃/20℃）。

三、应用人工智能的优势及存在的问题

人工智能方法利用了计算机"不辞辛劳"地从大量动态含有多种噪声的数据中提取有价值的信息，在成千上万种可能的控制方案中搜索最安全和经济的控制路径。已在以医院建筑为主的的数十栋不同规模的公共建筑中获得了应用。某些显著的优势和存在的问题如下所述。

（一）明显的优势

1. 提升能效

人工智能手段利用楼宇自动化系统提供的数据可预测空调负荷在未来的变化情况，并从各种可能的控制路径中挑选满足该负荷曲线并且费用最低的控制方案。在实现自动控制的同时"天然"地提升了能效，自带节能功效。

2. 不需要人工设计控制策略

目前群控设计中强调的控制"逻辑"和"策略"，实际上是技术能力受限情况下的无奈妥协。实际上为了实现群控目标，存在成千上万种可能的"逻辑"和"策略"，看上去总是"不错"的少数几种未必能"包打天下"，使用人

工智能的规划能力可以根据应用场景搜索出当前最适用的"逻辑"和"策略"。

3. 容错能力提高

现场出现的故障五花八门,常规群控系统中人工设计的故障预案通常只能应对极少数的几种(多为单点故障),一旦出现预案之外的故障(通常是多点故障),常规群控系统往往会"不知所措"。若人工巡检不能及时发现异常情况并做出正确处理,就可能会威胁空调系统的正常运行。而依靠人工智能的规划能力,计算机能够搜索出一条经济可行的控制路径规避当前有问题的设备,调动一切可用资源,继续保障空调系统的正常运行。

4. 便于维护

常规群控系统依赖人类工程师编写控制"逻辑"和"策略",当使用要求发生改变或者对现场进行了改造(比如增加了冷机数量),用户需要求助原来的工程师对群控系统中的控制"逻辑"和"策略"进行修改。然而,由于大楼的使用年限长,无法保证原来的工程师随时候命,而现场条件又往往造成新接手的工程师无从下手。在采用人工智能的群控系统中由于不依赖工程师,而且计算机 24h 待命,用户将修改要求输入计算机,人工智能引擎修改规划问题的目标和约束条件,采用规划技术求解,能够在极短时间里满足修改要求。

(二)人工智能应用到群控中带来的问题

1. 设备的启停次数高于手动次数

传统的以人工为主的控制方式下设备的启停操作多数是运行人员在现场按照较为固定的时间表或判别条件进行的,启停次数较少(有些工厂只在季节变换时加减冷机)。而计算机认为只要不违反预先设定的安全规则,怎么经济怎么来。运行人员通常认为这种"频繁"程度会缩短设备寿命(但是目前设备厂商无法提供此类数据)。

2. 人工操作的部分观念存在冲突

人工智能能够"眼观四路耳听八方"基于各种现实数据采用搜索方法从大量备选方案中挑选最佳控制路径,而人工操作往往基于口口相传的经验乃至行政指令。这会导致部分用户不能在第一时间理解人工智能系统的部分控制行为,从而对控制系统的可靠性产生怀疑。

3. 现代化大楼普遍安装有大量传感器、执行机构和控制器

它们为人工智能应用提供了现成的舞台。楼控系统面对的控制任务需求多样、容易受环境影响,在配置、维护方面的工作量缺口巨大。借助人工智能技术可以获得大楼的使用特点和模式,最大化利用现有资源,有助于实现楼宇自动化控制系统自动配置、优化运行、容错控制、相互协调等功能,使楼宇自动化控制系统真正自动起来。

第三节　医院建筑的调适

医院建筑调适源于建筑行业中的调适（commissioning，Cx），以其对建筑物各阶段全生命周期内多领域、多学科、全方位合作与协作的系统性应用规程，达到令建筑物保持所需状态下的最优运行的效果，有效地提升了建筑物能效。是较为先进的建设与运行管理模式，国内也相应出台了一些政策与标准加以指导、推广。

广义的医院建筑调适指的是通过在设计、施工、验收和运行维护阶段的全过程监督和管理，保证建筑能按照设计和用户的要求，实现安全、高效地运行，避免由于设计缺陷、施工质量和设备运行等问题影响建筑的正常使用，甚至造成系统的重大故障；狭义的医院建筑调适则主要是通过对既有医院建筑运行与维护中不能满足设计标准与新增需求部分进行适应性改进，达到安全、效率、感受等得到明显提升的效果。

由于建筑调适尤其是医院建筑调适在国内许多地方刚刚开始，因此还存在一定的盲点与误区，对调适在能效提升中的重要作用尚未引起足够的重视，基础的暖通空调系统的调适一般也仅由施工单位在项目竣工时进行简单的单机和系统调试，整体建筑调适的概念还未被广泛接受。

一、医院建筑调适的必要性

由于医院需求的增加，我国每年新增或改扩建大量医院建筑，但是这些增量医院建筑在规划设计乃至施工过程中，仍沿袭传统的医院建设模式，基本存在运行能耗高、维护费用大、建筑物及相关设备系统寿命短的问题；设计负荷与实际负荷相差很大，变配电、机电设备、照明，包括总能耗相差很大甚至达到或超过 50％的水平，"漏斗现象"明显。

（一）形成"漏斗现象"的主要原因

①在医院建设过程中，没有专业部门或公司系统地监控整个建设过程中各环节的衔接与质量。常见的情况是在工程投入使用后才发现很多成为既定事实的设计缺陷和施工质量问题，不能保证建筑物整体功能和运行效果达到设计要求。

②由于先期没有对设计方案和实际图纸进行调适，导致医院的项目需求在建设过程中不断更改，因而出现不断的整改和返工。一方面容易延误工期，另一方面导致新建建筑在竣工不久便无法满足业主不断提升的要求。

（二）医院建筑调适的必要性和迫切性

既有医院建筑运行与维护中的诸多问题，尤其是能效问题，基本上都是医院建设过程中的遗留问题。无论是从国家对公共建筑能效提升的要求，还是从医院自身运行经济性考虑，医院建筑尤其是既有医院建筑的调适都有其必要性与迫切性。

医院建筑调适必要性主要体现在以下几个方面：

①确定医院项目的需求。如果医院没有专业的技术团队，项目需求虽然是明确的，但不能对具体技术细节进行把握和掌控。

②医院的项目需求与国内现有水平和国家标准之间存在差距。如果医院不满足于国内建筑行业现有的水平和状况，往往会依据自己的需求对建筑系统提出特殊的要求，这些要求也已通过正式的文件提交给咨询和设计单位。但在实际操作过程中，咨询公司和设计单位侧重于遵从国家规范和标准，导致建筑系统的部分功能无法完全实现，达不到医院的期望。

③监理单位职责与医院期望之间存在差距。监理单位的监理程序侧重于建筑系统和设备安装质量符合国家的规范和标准要求。而医院建筑调适在此基础上更加侧重于对设备以及设备所在系统性能的关注。因此可以弥补监理单位职责与业主期望之间存在的差距。

④施工单位的系统调试与医院期望之间存在差距。建筑的设备与系统完成安装后，测试与调试成为系统能否达到设计意图并满足医院的项目需求的关键。缺乏能够具体指导系统优化调适、保证机电系统效果和节能运行的详细内容。建筑调适以 TAB 为基础，能分析所测数据，解决机电系统存在的问题，优化系统运行工况，满足医院对调适工作的期望。

⑤既有医院建筑运行与维护人员的专业水平参差不齐，缺乏系统的专业培训。

二、建筑调适的应用、基本工作流程以及持续性

（一）建筑调适的应用

目前，既有医院建筑调适先期开展的项目，主要应用于变配电系统、照明系统、采暖通风空调系统、生活热水供应系统、监测与控制系统、外围护结构热工性能、可再生能源利用等。

对医院建筑考虑的优先等级依次为安全性→舒适成本→运维投入→维修投入→能源费用。

基于建筑调适的既有医院建筑能效提升技术的导入与应用，一般从节能诊断或能源审计开始切入，通过对暖通空调机组与风系统、水系统、楼宇自控系

统（BAS）等基本系统的排查，最后形成全医院建筑的能效评估，建立项目调适逻辑。

（二）建筑调适的基本工作流程

首先，既有医院建筑调适的前提是能源审计、节能诊断或能效评估及能耗监测，其相互关系如下。

1. 调适与能源审计

既有医院建筑调适与能源审计的联系紧密，但建筑调适处理的问题侧重点在于使设备及其系统、配件按照要求进行运行和维护的过程，强调通过执行看到的工作效果；这是一个持续的过程。而能源审计是调查系统能源的使用方式和情况，以及可能的节能措施，能源审计只需要在工作结束时给出一份详细描述节能方式的报告，能源审计处理现场运行条件改变或周期性审计外，通常只需要审计一次。

能源审计是一种加强企业能源科学管理和节约能源的有效手段和方法，能源审计可分为三种类型：初步能源审计、专项能源审计和全面能源审计。依据此分类标准可将建筑能源审计的内容分为三级：第一级，基础项；第二级，规定项；第三级，选择项。

（1）基础项

由被审计建筑的所有权人或业主自己或由其委托的责任人完成。

（2）规定项

由各地建设主管部门委托的审计组完成；由被审计建筑的所有权人或业主自己或委托人配合完成。

（3）选择项

由经建设主管部门资质认定的第三方专业机构或按合同能源管理模式运作的能源服务公司完成。包括：市内环境品质检测、通风系统能效检测等，以及双方商定的其他详细检测项目。

既有建筑调适还包括定义当前系统的功能要求并确保设备的运营维护达到要求，通过实施达到工作效果以及持续监控等能源审计没有涉及的内容。

2. 调适与节能诊断

节能诊断和能源审计处理的问题大致相同，能源审计是综合了节能诊断的各项技术措施和实施方法发展而来的。不同之处是节能诊断一般是由用能单位自己提出的诊断要求，而能源审计可以由用能单位或政府职能部门提出。

3. 调适与能耗监测

能耗监测是节能诊断、能源审计或既有建筑调适中基本的组成部分。能耗监测所得数据为节能诊断、能源审计或既有建筑调适寻找可行的节能方向，提出节能技改方案，是对方案进行经济、技术、环境影响评价的基础。基于监测数据的建筑调适，其数据的质量和细致程度是调适结果的保障。比如空调冷冻水一次泵变流量调节、阀门开度、供回水温差与风测数据的联合分析再调适，压差传感器设置，AHU 水阀开度、空调机组盘管水阀开度以及异常末端排查等。

既有医院建筑调适通过对没有进行过调适的既有建筑各个系统进行详细诊断、改进和完善，解决其存在的问题，降低建筑能耗，提高整个建筑运行性能。

既有医院建筑调适主要是关注运行维护中的问题，并通过简单有效的措施加以解决。作为运行与维护中一种有效的综合性的工具，被越来越多地应用在包括暖通空调系统、电气系统、智能控制系统以及建筑材料、围护结构和机电系统等在内的各种建筑系统的质量保证工作中，需要对更多的系统进行调适。机电系统调适是一种过程控制的程序和防范，其目标是从设备控制到各个系统的质量和性能的控制。

（三）建筑调适的持续性

在医院建筑运行与维护中，建筑调适是一个持续的过程，可以解决医院建筑运行中存在的问题，它的主要关注点在于现有设备的使用状况，并致力于改善和优化建筑中所有系统的运行和控制。通过科学的测试并结合工程学的分析，给出新的运行解决方案，并对方案进行整合，从而保证这些措施既适用于系统的各部分，也使用于系统的整体优化，并且可以持续执行。将周期性调适与连续（持续）调适相结合，提高整个建筑运行性能。

调适：数据诊断→问题分析→整改方案→计划实施→系统运行→效果测评。

需要注意的是，医院建筑中一些特殊单元必须确保无干扰实施或择期实施。包括洁净手术室、ICU、传染病房、生殖医学中心、核医学科、影像科、检验中心、中心供应、输血科、层流病房、洗衣房、病理科、实验室、急诊部、营养厨房等。

三、调适组织、分工与职责

医院建筑调适顺利进行的前提是良好的组织策划与组织协调。项目的成员除调适管理方与院方外，根据调适范围与内容，必要时，还需要设计、施工、设备供应商的配合或参与，明确分工与职责如下：

（一）调适管理方的职责

调适管理方是调适最主要的组织者和领导者，在调适中处于核心地位，控制整个工作的进度、审核和认可调适的成果。主要职责如下：

①制定计划，组建团队，确定团队成员的职责。

②按照需要更新调适计划，通过审核资料确保与医院需求的一致性。检查并评价系统、设备的性能及各系统是否满足医院要求。

③在规定的工作范围内，了解所有调适工作内容；及时更新调适计划，以便应对工作的变化。

④复查和讨论设计文件，是否达到医院要求；进行评估并制定运行维护文件提交、运行维护培训。

⑤制订系统的启动检查和测试时间计划，在承包商的协助下监督性能测试，记录缺陷并出示进度报告。

⑥编写或协助其他单位编写系统操作手册。接受和审查由承包商提交的系统操作手册，确认其是否达到了业主的项目要求。

⑦进行重复测试，修正并重新提交调适工作报告。

⑧提供最终的调适报告，向医院提交关于所有调适情况的记录文件。

（二）医院的职责

医院的职责是见证调适计划的实施。医院应该为所有调适小组成员在调适所涉及的范围提供服务，确保他们在工作进度中有充足的时间来进行调适，保证调适组织者能够得到其他小组成员的协助，确保所有设计审核和建造阶段通过调适发现的问题能及时得到解决。医院的职责包括：

①为调适团队提供项目所需的说明文件，用于制订调适计划、检查和测试清单、系统手册、运行维护培训计划等。

②指定医院运行维护人员参与调适，并制订工作计划，主要包括（并不局限于）以下内容：协助调适会议；组织与测试工作相关的会议；验证各个系统、子系统、设备的运行。

③提供调适工作所需要的相关配合工作。根据合同文件，为承包商和调适团队提供由建筑师/工程师整理准备并经过业主或业主代表核实的设计文件、系统手册以及运行维护人员培训计划。

（三）机械、电气设计师和建筑工程师的职责

设计专业人员应对调适计划提供支持，回答调适有关问题；将调适要求作为附件纳入建设合同文件中。提供调适团队所需要的设计说明文件并对相关设备中说明书、控制图或设备文件中没有详细说明的控制、运行等问题进行阐明，回答有关系统设计和运行的问题；根据需要参与讨论调适计划，出席本专业调适会议；配合解决调适过程中发现的问题；检查并完善运行和维护手册；出席培训会议，对相关人员进行专业培训。

（四）承建商、各子系统分包商、设备供应商的职责

承建商、各子系统分包商、设备供应商的职责主要包括但不局限于提供所需数据，协助设备测试；除了通用的测试设备，所有合同中报价单所包含的、用于设备测试的特殊工具和仪器（仅设备供应商使用，专用于某设备）都可能会在调适中使用；遵循调适计划，提供调适所需要的关于设备操作顺序和测试程序所需要的信息。评估设备的测试程序；出席本专业调适会议以及其他涉及本专业的调适会议；整改在调适检查中发现的所有问题，根据需要参加调适团队的工作。

尽管第三方调适已经在行业中广泛应用，但是谁应该负责建筑调适仍然是一个存在争议的问题，因为每种模式都有其自身优势和缺点。

这个争议的一方面是为了充分代表和维护医院业主的利益，调适管理方直接为业主服务；另一方面是在业主与服务供应商之间本已复杂的关系中再引入另一方，将会给工程项目引入一种新的对立关系，进一步增加了工程的复杂性。

四、建造阶段调适 Cx 的主要工作

对于即将投入运营的医院建筑而言，从以下几个方面了解把握医院建筑调适的流程与过程很有必要，对于医院建筑运行与维护过程中的能效评估与提升大有裨益。

（一）五个主要阶段

①试运行前的设备检查阶段。

②设备的单机试运转阶段。

③单机设备和系统性能测试阶段。

④系统的调整和平衡阶段。

⑤自控验证和综合性能测试阶段。

（二）建造阶段 Cx 的要点

①提早介入并开展检查工作，以减少整改工作量，避免延误工期。

②审核提交的文件。确认提交的文件被施工方审核过，并确认提交的文件符合设计意图。

③管道的清洁。管道必须经过检查，保证清洁无杂物。

④测试和平衡。在设备调整后的位置做标记以保证设备长期平衡运转。

⑤设备（包括过滤器、盘管、清洁器、截止阀、平衡阀、减振器等）的运行和维护空间应满足要求。

（三）调适 Cx 发展前景

①Cx 和建设行业管理体系的关系。由于医院建筑项目业主方需求不明确或中途变更；各专业在设计、施工安装、验收测试等阶段缺乏必要的沟通联系；各参与方在整个流程中缺乏足够的协调合作等原因，虽然项目的各责任方分工明确，各司其职，但没有责任方在整个流程中进行监控，对建筑各个系统的整体效果进行把握与监督，无法保证建筑机电系统的整体功能和运行效果达到设计要求，不能很好地实现建筑的功能，造成项目周期延长、造价超出预算、运行能耗高、维护费用高。

Cx 可以从方案设计阶段开始，直到后期的运行维护阶段进行全程跟踪，彻底解决上述问题。

②Cx 和竣工验收的关系。关于调适的规定，国内现行的施工验收规范已经不能满足中高端用户的需求。因此，期待标准编制单位将各个验收规范中的调适章节独立出来汇集成册，加大国内建筑行业的调适力度，确保建筑功能满足业主的需求和降低能耗的需求。

③Cx 和绿色建筑的关系。Cx 作为一种质量保证工具，为绿色建筑的"四节一环保"保驾护航，成为绿色建筑评定的必要条件。

参考文献

[1] 王志伟，翟理祥. 医院管理学 [M]. 北京：中国中医药出版社，2023.08.

[2] 樊效鸿. 医院智慧后勤建设管理实践 [M]. 北京：研究出版社，2023.06.

[3] 罗蒙. 数字一体化复合手术室建设指南 [M]. 上海：上海交通大学出版社，2023.03.

[4] 陈红，李岩. 手术室护理管理与实践 [M]. 武汉：华中科技大学出版社，2023.09.

[5] 何焰，罗继杰，刘东执行. 中国建筑能效提升适宜技术丛书医院建筑能效提升适宜技术 [M]. 上海：同济大学出版社，2022.11.

[6] 王会娟. 建筑医院工程结构检测诊断与维修加固 [M]. 郑州：黄河水利出版社，2022.04.

[7] 艾学明. 公共建筑设计第 4 版 [M]. 南京东南大学出版社，2022.08.

[8] 王群，陈亮，邱蔚琳. 医院的去医院化设计 [M]. 北京：机械工业出版社，2021.10.

[9] 李德英，张伟捷，马良涛，陈红兵，杨海林，张群力，刘珊. 建筑节能技术第 2 版 [M]. 北京：机械工业出版社，2021.01.

[10] 张姗姗. 医院建筑的安全与效率 [M]. 哈尔滨：哈尔滨工业大学出版社，2020.12.

[11] 魏建军，朱根，张威，董辉军. 智慧医院建筑与运维案例精选 [M]. 上海：同济大学出版社，2020.09.

[12] 郭杨. 公共机构节能 [M]. 成都：四川大学出版社，2021.06.

[13] 张大力，殷许鹏. 医院工程项目 BIM 技术应用研究 [M]. 长春：吉林大学出版社，2019.06.

[14] 高露，石倩，岳增峰. 绿色建筑与节能设计 [M]. 延吉：延边大学出版社，2022.08.

[15] 谷建. 戴着镣铐的舞蹈医院设计随想 [M]. 北京：机械工业出版社，2018.04.

[16] 陈俊桦，杜昱. 智慧医院工程导论 [M]. 南京：东南大学出版社，2018.08.

[17] 范渊源，董林林，户晶荣. 现代建筑绿色低碳研究 [M]. 长春：吉林科学技术出版社，2022.05.

[18] 杭元凤. 医疗建筑配电 [M]. 南京：东南大学出版社，2017.02.

[19] 姜杰. 智能建筑节能技术研究 [M]. 北京：北京工业大学出版社，2020.09.

[20] 张慧利. 医院档案管理及其发展研究 [M]. 成都：电子科技大学出版社，2017.12.

[21] 韦铁民. 医院精细化管理实践第 2 版 [M]. 北京：中国医药科技出版社，2017.09.

[22] 黄远湖. 智慧时代医院建设新思维 [M]. 南京：江苏凤凰科学技术出版社，2022.04.

[23] 彭望清. 肿瘤医院建设与大型医用设备配置管理指南 [M]. 北京：研究出版社，2023.06.

[24] 朱敏生，许云松. 医院水系统规划与管理 [M]. 南京：东南大学出版社，2019.04.

[25] 张建忠. 医院物理环境安全规划、建设与运行管理 [M]. 上海：同济大学出版社，2019.09.

[26] 马国伟，黄轶淼，张若晨. 节能建筑全生命周期碳排放核算方法与应用软件 [M]. 北京：中国建材工业出版社，2023.03.

[27] 李琰君. 建筑设计与建筑节能技术研究 [M]. 北京：北京工业大学出版社，2023.04.

[28] 程兰，张彩. 建筑设计的节能与环保研究 [M]. 哈尔滨：东北林业大学出版社，2023.07.

[29] 于磊鑫，袁登峰，段桂芝. 建筑节能与暖通空调节能技术研究 [M]. 哈尔滨：哈尔滨出版社，2023.01.

[30] 易嘉. 绿色建筑节能设计研究与工程实践 [M]. 哈尔滨：哈尔滨出版社，2023.08.